职业教育"十三五"规划教材

机械制图习题集

娄 琳　贾耀曾　主编

陈桂华　副主编

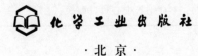

·北京·

本习题集主要包括制图基础、正投影基础、基本立体的画法、组合体的画法、机件的常用画法、标准件和常用件制图、零件图制图、装配图制图八个部分。本习题集与娄琳主编的《机械制图》（化学工业出版社，书号 978-7-122-32515-0）配套，重点培养学生的识图和制图能力。

本习题集可作为我国高等职业院校和中等职业学校工科类相关专业的教材，也可供相关技术人员参考使用。

图书在版编目（CIP）数据

机械制图习题集/娄琳，贾耀曾主编. —北京：化学工业出版社，2019.12
职业教育"十三五"规划教材
ISBN 978-7-122-35715-1

Ⅰ.①机…　Ⅱ.①娄…②贾…　Ⅲ.①机械制图-高等职业教育-习题集　Ⅳ.①TH126-44

中国版本图书馆 CIP 数据核字（2019）第 247220 号

责任编辑：潘新文　　　　　　　　　　　　　装帧设计：韩　飞
责任校对：张雨彤

出版发行：化学工业出版社（北京市东城区青年湖南街 13 号　邮政编码 100011）
印　　刷：三河市航远印刷有限公司
装　　订：三河市宇新装订厂
787mm×1092mm　1/16　印张 6½　字数 130 千字　2020 年 1 月北京第 1 版第 1 次印刷

购书咨询：010-64518888　　　　　　　　　售后服务：010-64518899
网　　址：http://www.cip.com.cn
凡购买本书，如有缺损质量问题，本社销售中心负责调换。

定　　价：21.00 元　　　　　　　　　　　　　　　　　　　版权所有　违者必究

前言

本习题集以培养学生的识图和制图能力为目的，根据高等职业技术教育的培养目标和当前职业教育改革方向，从学生的实际情况出发，认真总结职业院校近年来机械制图课程教学改革经验，按最新颁布的《机械制图》与《技术制图》国家标准编写而成，本习题集与娄琳老师主编的《机械制图》（化学工业出版社，书号 978-7-122-32515-0）配套使用。

在编写过程中，编者经过反复推敲，选择典型题例，习题难度和覆盖面充分考虑职业院校学生基础，紧紧抓住职业必需技能这一中心线索；所选习题简练、典型、针对性强，题型丰富，为教师和学生提供最大便利。

本习题集由娄琳、贾耀曾主编，陈桂华任副主编，杨琳参编。在编写过程中得到了很多领导和老师的支持与帮助，在此一并表示衷心感谢！本书可作为高等职业学院和中等职业院校工科类相关专业的教材。由于编者水平所限，书中难免存在疏漏或不恰当之处，敬请读者批评指正。

编 者
2019.10

目 录

第一章　制图基础 …………………………………………………………………………………… 1

第二章　正投影基础 ………………………………………………………………………………… 15

第三章　基本立体的画法 …………………………………………………………………………… 26

第四章　组合体的画法 ……………………………………………………………………………… 37

第五章　机件的常用画法 …………………………………………………………………………… 48

第六章　标准件和常用件制图 ……………………………………………………………………… 65

第七章　零件图制图 ………………………………………………………………………………… 77

第八章　装配图制图 ………………………………………………………………………………… 86

参考文献 ……………………………………………………………………………………………… 98

第一章 制图基础

1.1 机械制图的基本规定

1. 字体练习1

图样上字体工整笔画清
楚间隔均匀排列整齐长

仿宋体字横平竖直注意
起落结构匀称填满方格

0123456789 ⌀ R

0123456789 ⌀ R

2. 字体练习 2

标 题 栏 学 校 设 计 绘 图 校

核 姓 名 班 级 图 号 数 重 量

0 1 2 3 4 5 6 7 8 9 φ R

零 部 件 名 称 螺 钉 栓 母 垫

圈 片 开 口 销 键 弹 簧 滚 动

0 1 2 3 4 5 6 7 8 9 φ R

3. 图线练习。在空白位置，照样抄画各种图线

4. 图线综合练习

1. 目的
(1) 熟悉主要线型规格及其画法。
(2) 掌握边框及标题栏画法。
(3) 练习绘图仪器和绘图工具的使用。

2. 内容及要求
(1) 绘画边框线和标题栏。
(2) 按示范图例绘画各种图线。
(3) 用 A4 图纸竖放，比例 1∶1，不标尺寸。

3. 绘图步骤
(1) 画底稿图（用 H 或 2H 铅笔）
① 画边框线。
② 在右下角画标题栏。
③ 按右图线组的形状和尺寸绘画底稿图。作图时，先确定大圆圆心的水平和垂直中心线，用它确定其他线组位置。
④ 校对底稿图，擦去多余的图线。
(2) 铅笔描深加粗（用 HB 或 B 的铅芯）。
① 画粗实线圆、细虚线圆、细点画线圆。
② 从上而下画水平直线，从左到右画垂直直线。
③ 画下图左、右两组 45°斜细实线，间隔 2mm（用目测）
④ 用标准字体填写标题栏。

4. 注意事项
(1) 各种图线符合国家标准规定，粗实线宽度建议选用 0.7mm，同类线型的线宽保持一致。
(2) 细虚线、细点画线的长画和间隔在画底稿线时就应正确画出，并保持一致。
(3) 作图过程要耐心细致，保持图面整洁。

5. 图例（见右图）

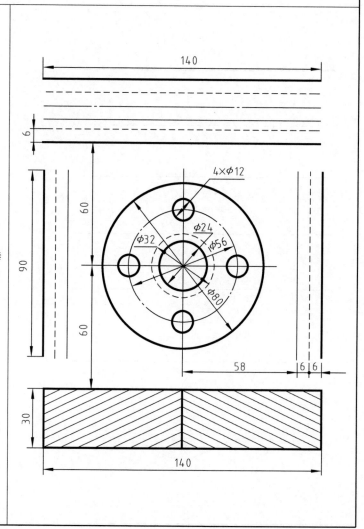

5. 尺寸标注1

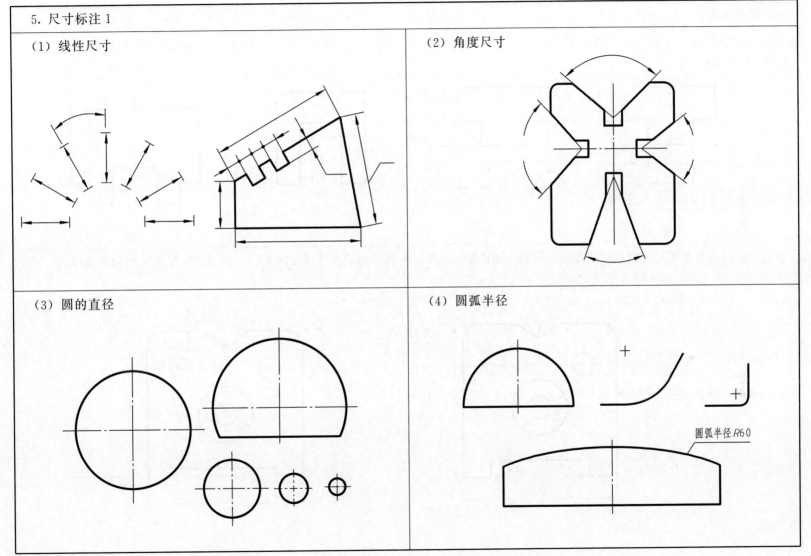

(1) 线性尺寸

(2) 角度尺寸

(3) 圆的直径

(4) 圆弧半径

6. 尺寸标注 2

(1) 识别图 (a)、(b)、(c) 图形尺寸标注的正确与否，仿照图 (b)、(c) 的尺寸标注，标注 (d) 图的尺寸（数字按 1：1 比例量取，取整数）

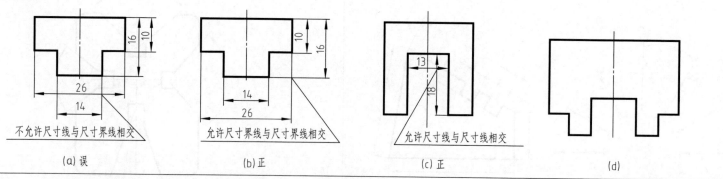

(2) 图 (a) 是常见尺寸错误标注方法，请仔细阅读文字说明，对照正确的尺寸标注图 (b)，正确理解尺寸标注的基本规定

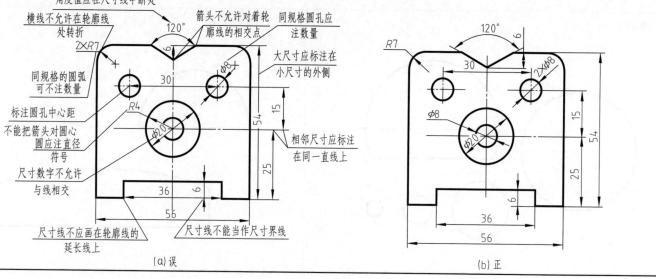

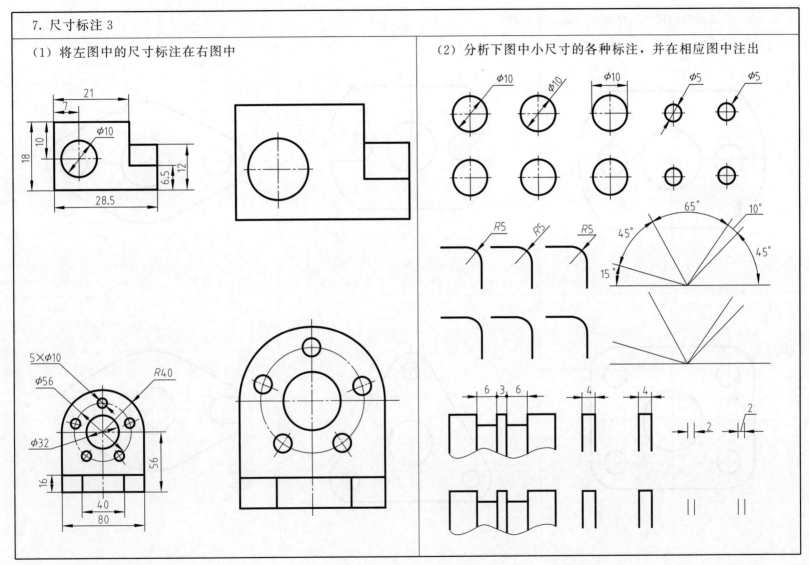

8. 标注下列图形的尺寸（从图中量取，取整数）

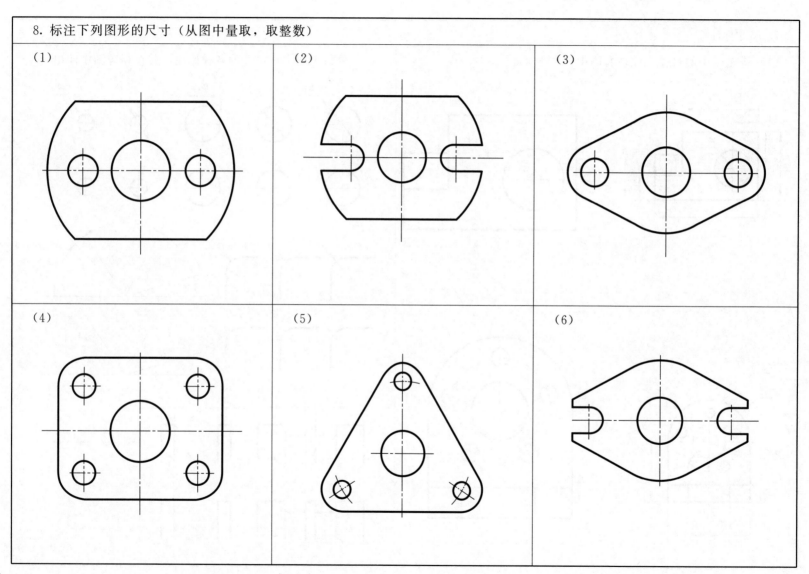

1.2 常用几何作图方法

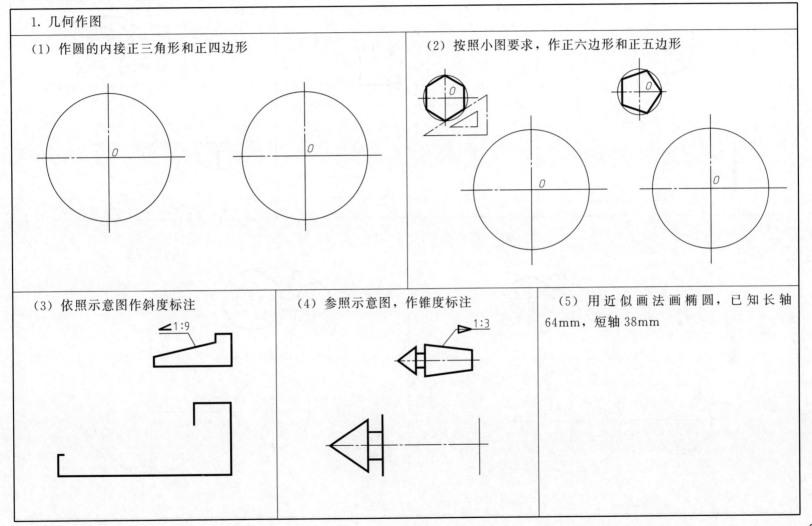

2. 用给定的半径，参照图例进行圆弧连接

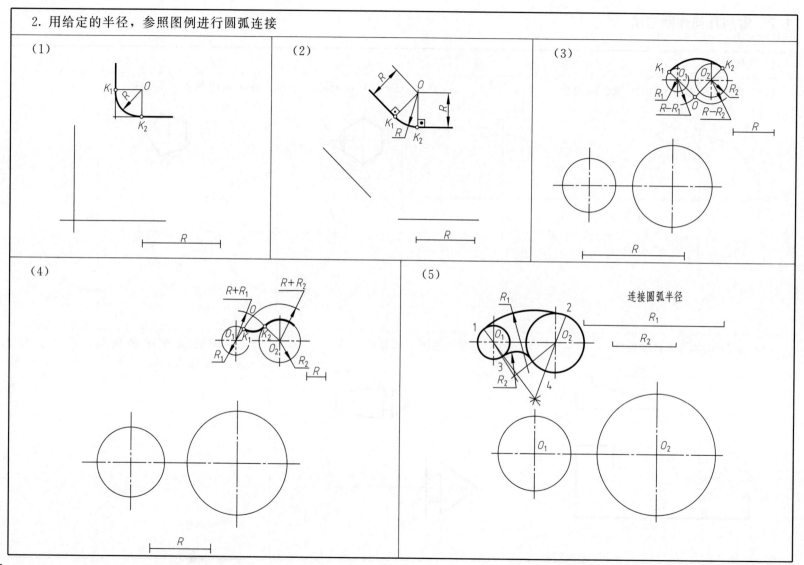

1.3 平面图形的画法

1. 将下图按照1:1的比例画在右边

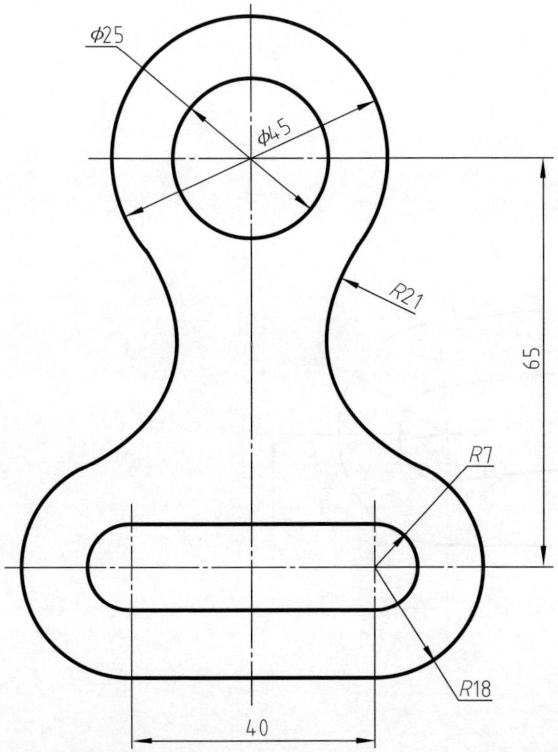

已知线段_____

中间线段_____

连接线段_____

2. 在 A4 图纸上抄画下图所示的零件图，按要求画出图框和标题栏，作图比例自定

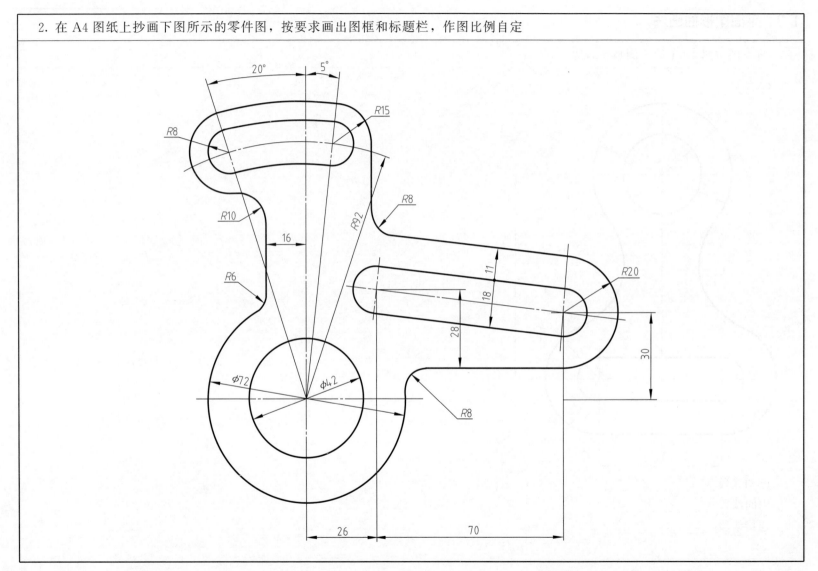

3. 在图纸上抄画支架的零件图，作图比例自定，选择合适的图纸幅面，按要求画出图框和标题栏

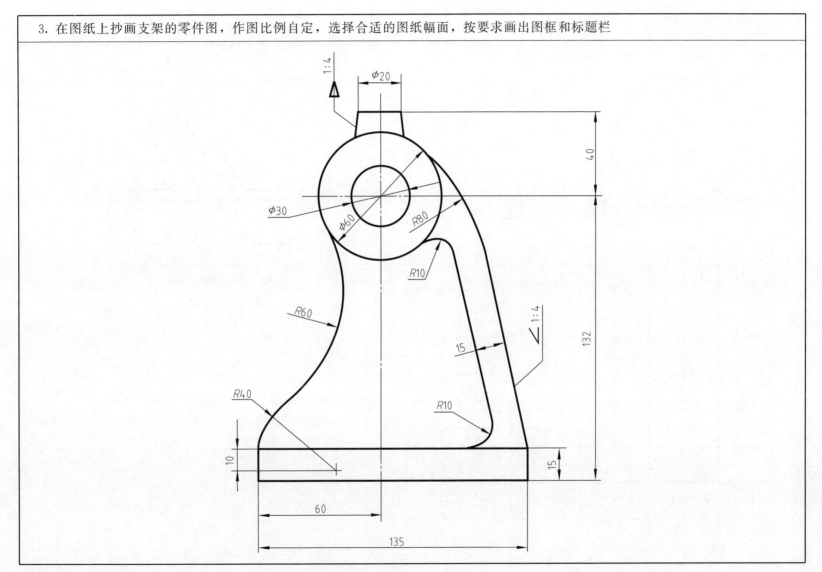

1.4 徒手画图方法

1. 按图中的图形和尺寸，用目测方法在方格纸上徒手绘画草图

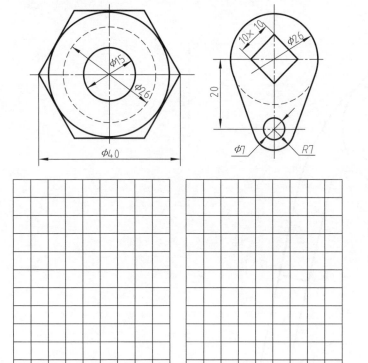

2. 用目测方法在空白处画上图的草图

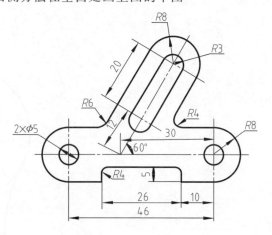

第二章 正投影基础

2.1—2.2 投影法和视图、三视图

1. 熟悉三视图的形成过程，说明三视图之间的投影关系和方位关系，把三视图用投影线连接起来，在各个视图分别注出表示方位

请填写视图之间的三等关系：

主、俯视图_____

主、左视图_____

俯、左视图_____

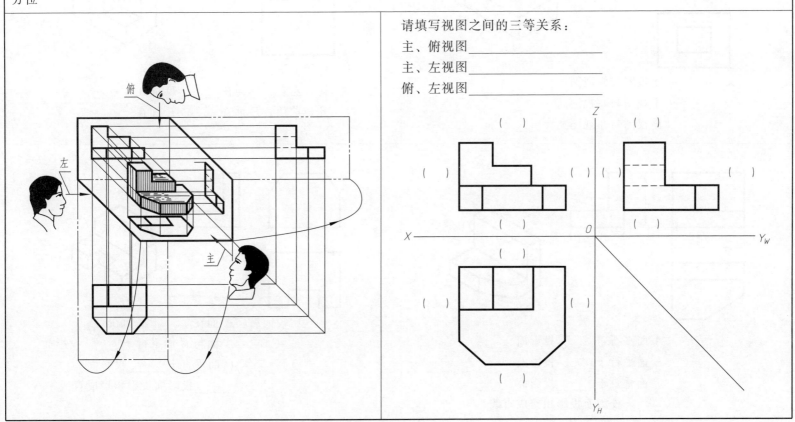

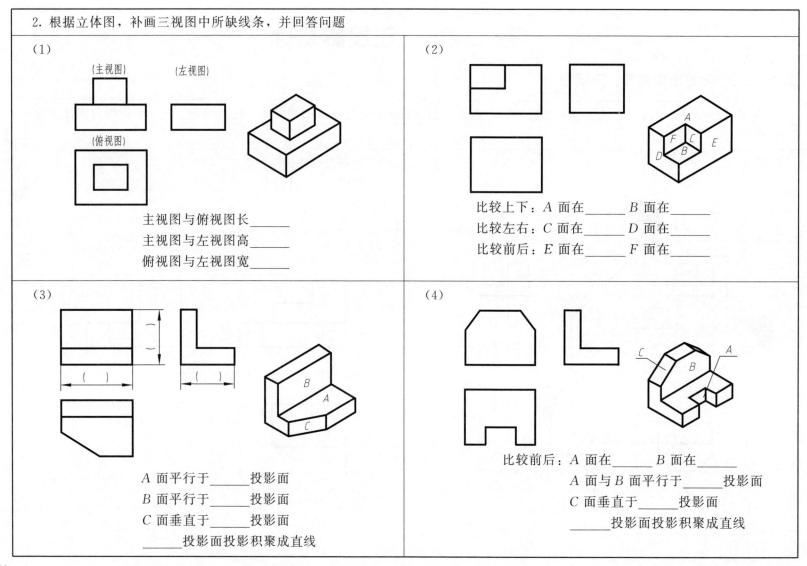

3. 参照立体图，完成物体的三视图，尺寸从图中 1:1 量取，取整数

(1)

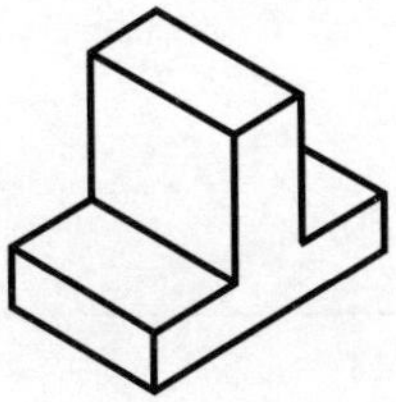

(2)

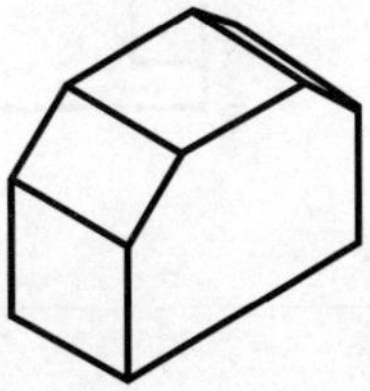

(3)

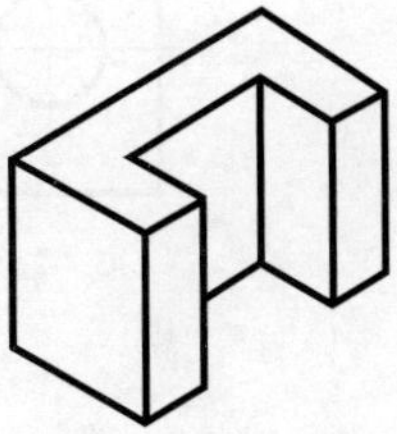

(4)

4. 已知两面视图和立体图，补画第三视图

(1)

(2)

(3)

(4)

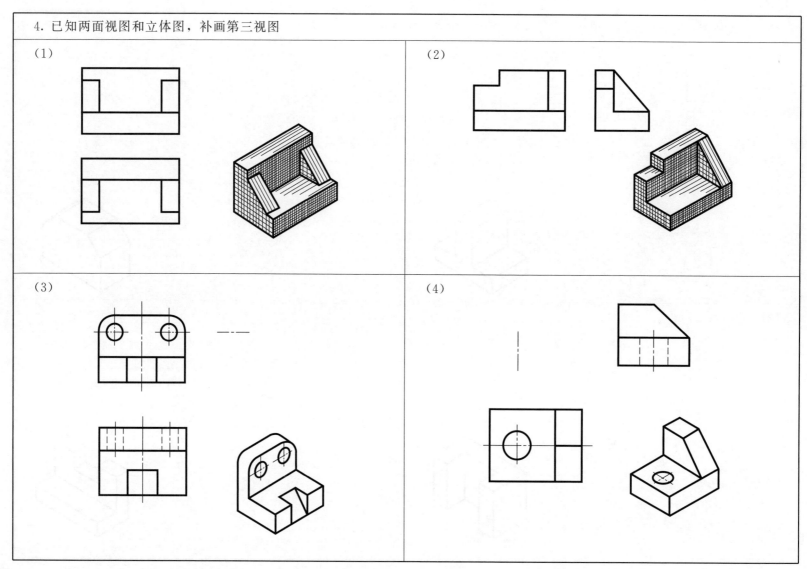

5. 分析下列三视图，找出其对应的轴测图，并在轴测图的圆圈内填上对应的编号

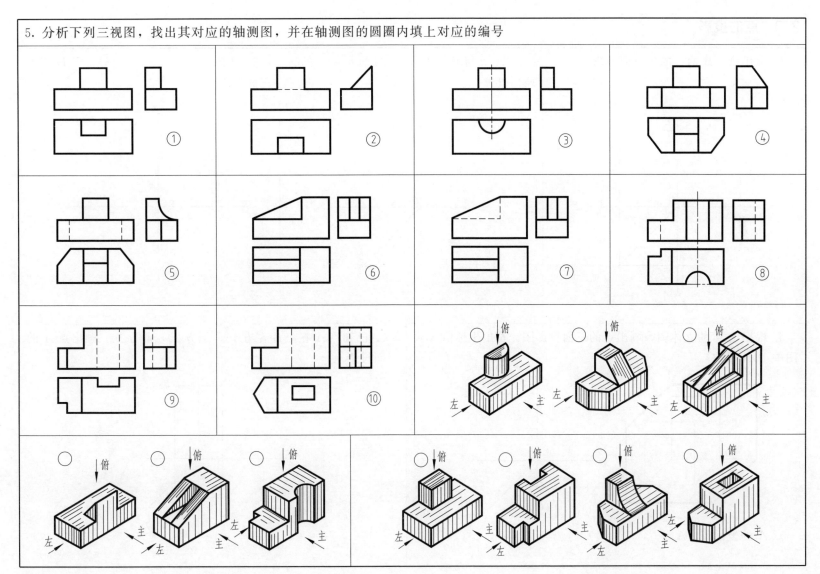

2.3 点的投影

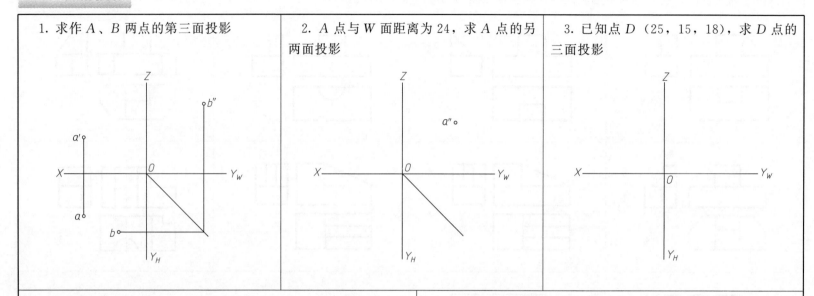

1. 求作 A、B 两点的第三面投影

2. A 点与 W 面距离为 24，求 A 点的另两面投影

3. 已知点 D (25，15，18)，求 D 点的三面投影

4. 根据点 A 的立体图，画出点的三面投影图，写出坐标值（从图中 1∶1 量取）。

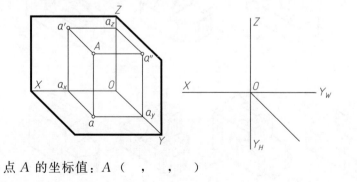

点 A 的坐标值：A（ ， ， ）

5. 已知点 A 在点 B 左方 15，下方 20，前方 10，画出点 A 的三面投影

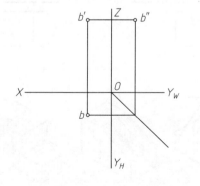

6. 已知点 A、B 的水平投影和侧面投影，求作正面投影，并说明相对位置

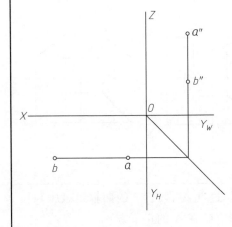

点 A、B 没有 _____ 之分；
点 B 在点 A 的 _____ 方（左、右）；
点 B 在点 A 的 _____ 方（上、下）；
两点距 _____ 面相等。

7. 已知 E、F 两点的两面投影，求第三面投影，支出重影点，并说明两点的相对位置

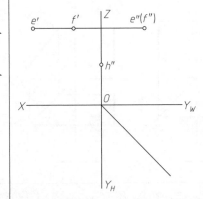

点 E、F 的重影点是 _____。
点 F 在点 E 的正 _____ 方。

8. 参照立体图，标出点 A、B、C 的三面投影

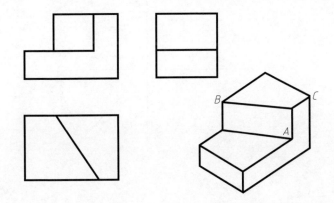

9. 根据 A、B、C、D 的两面投影，标出侧面投影，并在立体图上标注出位置

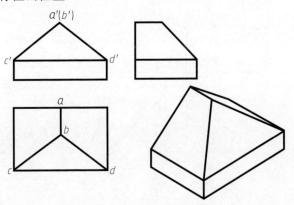

2.4 直线的投影

1. 判断下列直线与投影面的相对位置

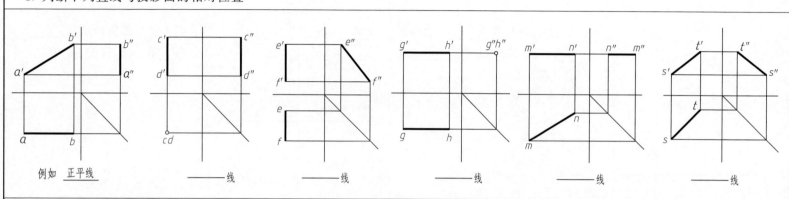

例如 正平线 　　　____线　　　____线　　　____线　　　____线　　　____线

2. 已知直线的两个端点 A（5，15，20）、B（25，5，5），作直线的三面投影，说明该直线名称

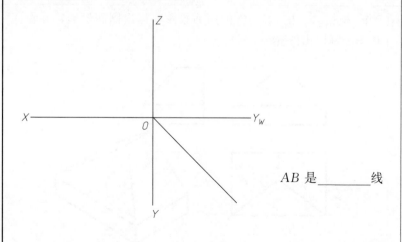

AB 是_____线

3. 已知 A 点的两面投影，过点 A 作长 25 的侧垂线 AB 和长 15 的铅垂线 AC 的三面投影（C 在 A 的正下方）

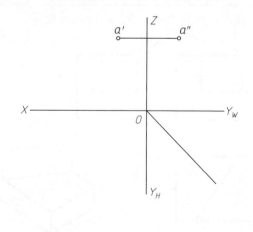

4. 作直线 AB 上一点 E 的投影，已知点 E 离 H 面 12mm

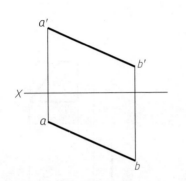

5. 过 C 点作一直线 CD 与直线 AB 相交，且使点 D 距 V 面 15mm

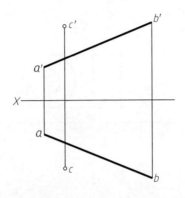

6. 作线段 AB 上一点 C 的投影，已知 $AC:CB=2:1$

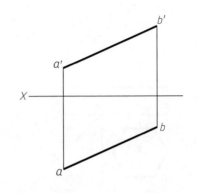

7. 根据两条直线的两面投影，判断两直线的相对位置

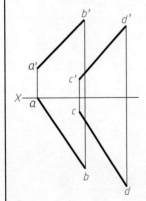 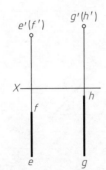 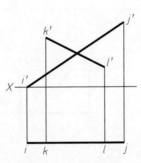 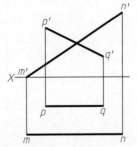 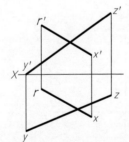 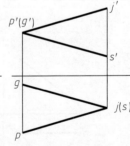

AB、CD 是_____ EF、GH 是_____ IJ、KL 是_____ MN、PQ 是_____ RX、YZ 是_____ PS、GJ 是_____

2.5 平面的投影

1. 已知平面的两个投影,求作第三个投影,并说出平面的名称

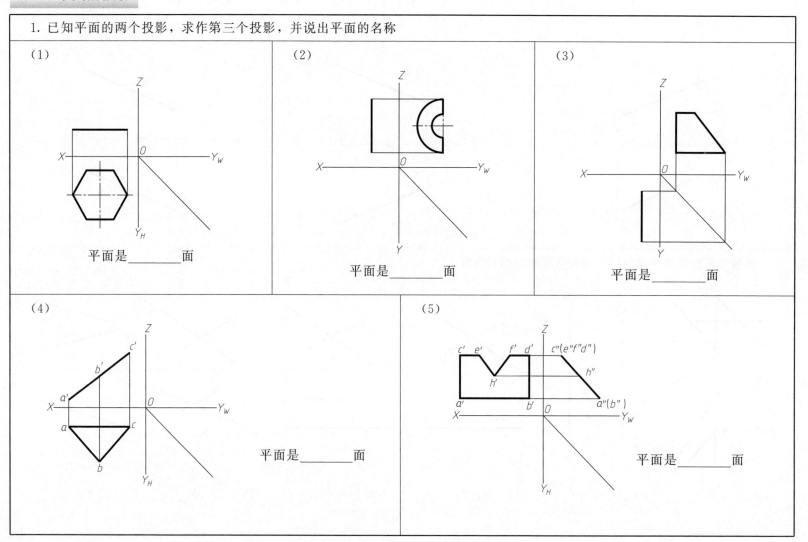

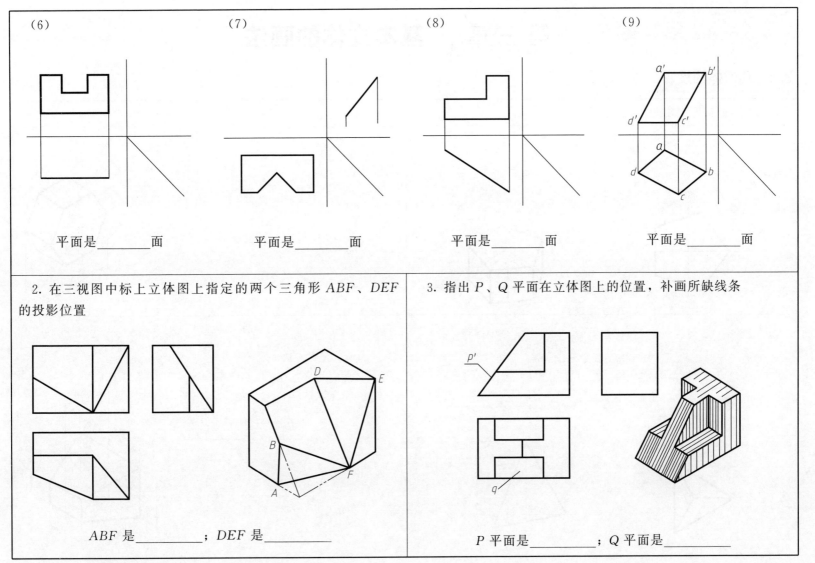

第三章 基本立体的画法

3.1 几何体的投影

1. 画平面体三视图

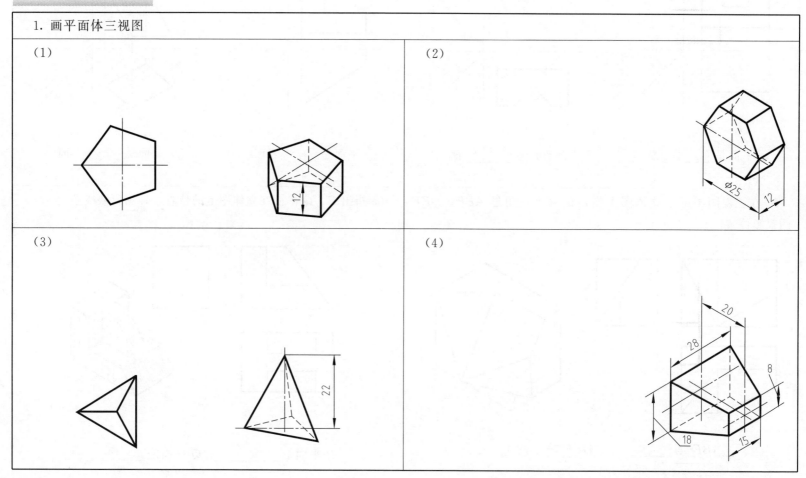

(1)

(2)

(3)

(4)

2. 已知立体表面上的点一个投影，求作其它两个投影

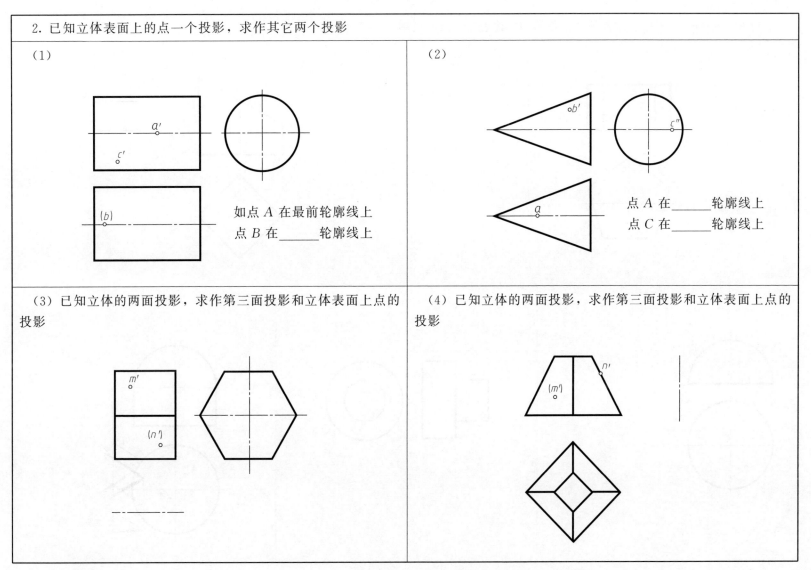

(1)

如点 A 在最前轮廓线上
点 B 在_____轮廓线上

(2)

点 A 在_____轮廓线上
点 C 在_____轮廓线上

(3) 已知立体的两面投影，求作第三面投影和立体表面上点的投影

(4) 已知立体的两面投影，求作第三面投影和立体表面上点的投影

3. 已知立体的两面投影，求作第三面投影和立体表面上点的投影

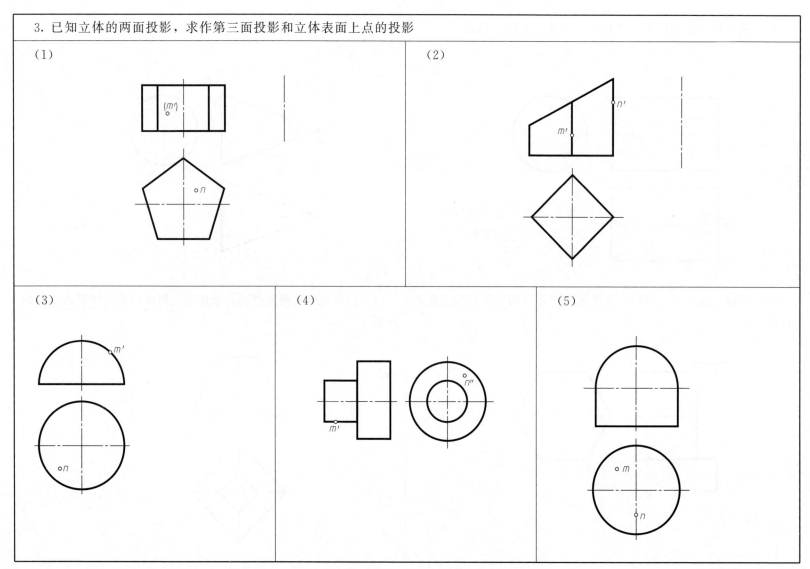

3.2 基本几何体的尺寸标注

读懂两面视图,改正图中尺寸标注的错误和补标被遗漏的尺寸(删除用符号"×",不标尺寸数字)

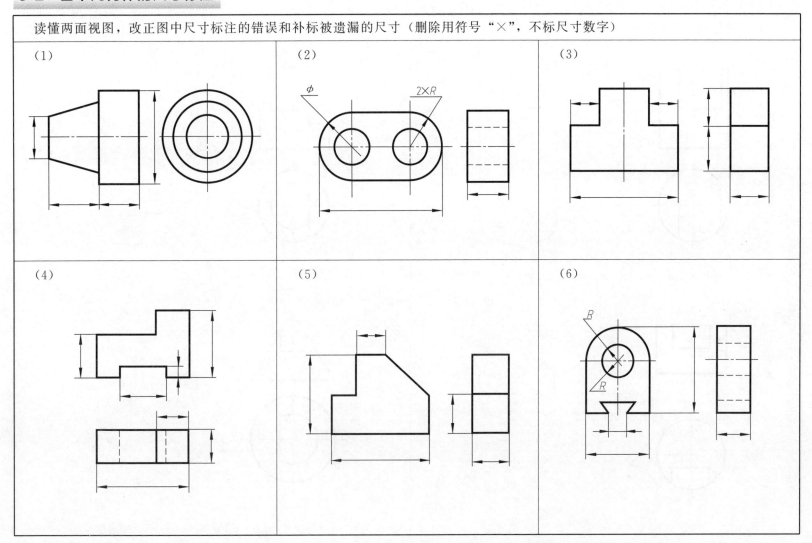

3.3 截交线

1. 补画被切割几何体的第三视图

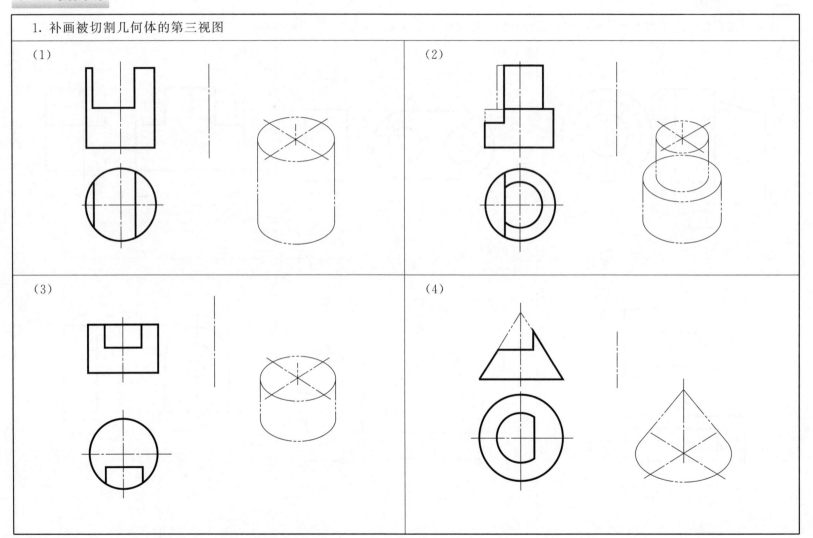

2. 已知立体图和一完整视图，补画被切割几何体的其它视图所缺漏线

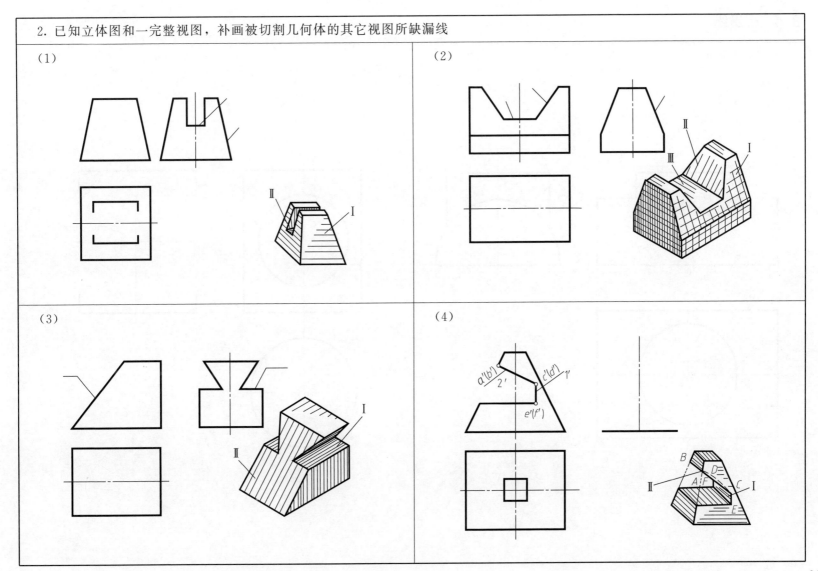

3.4 相贯线

1. 完成下列相贯线的三面投影

(1)

(2)

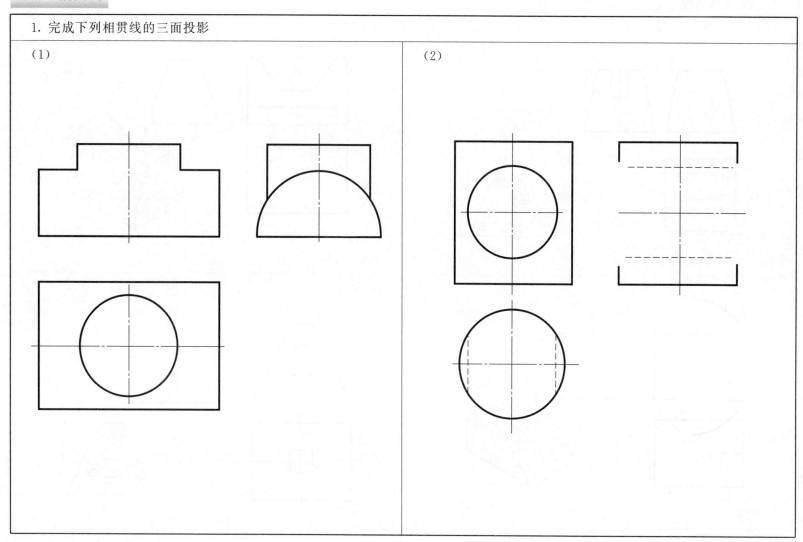

2. 求作相贯线的三面投影

(1)

(2)

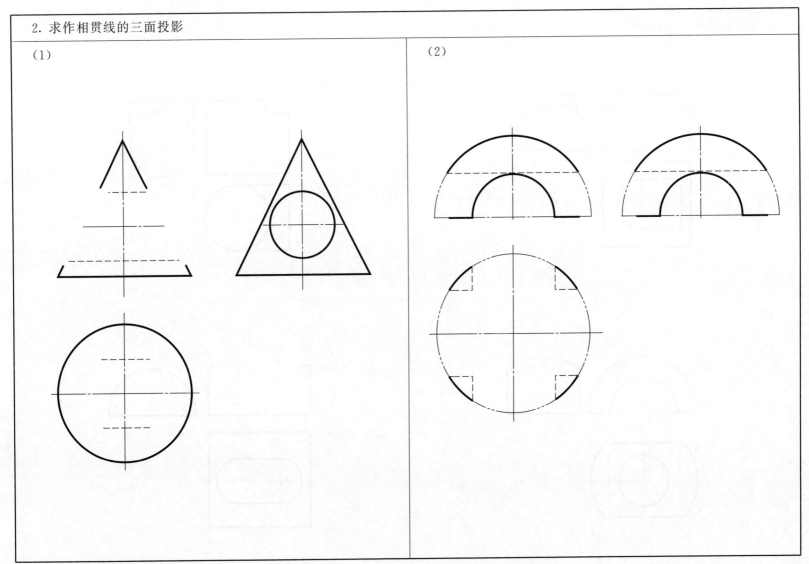

3. 求作相贯线的三面投影

(1)

(2)

(3)

(4)

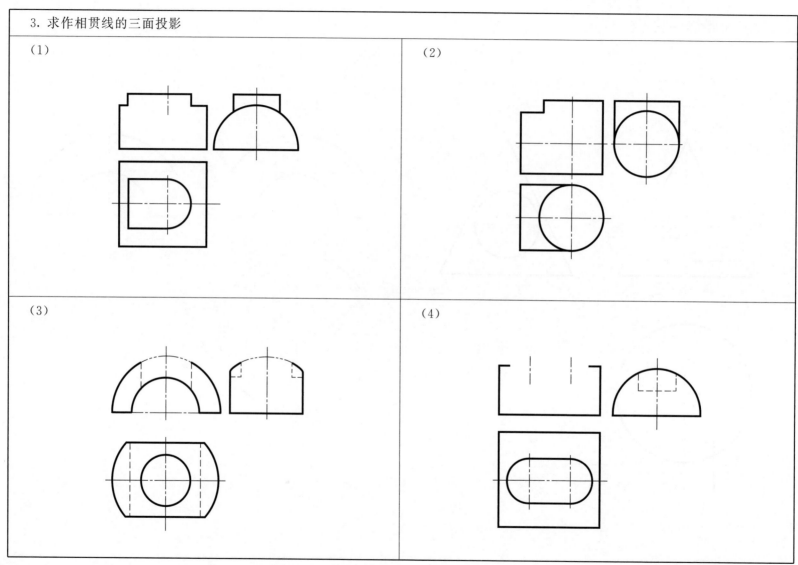

3.5 轴测图

1. 根据主、俯视图，绘制该物体的正等轴测图。

2. 根据叠加柱形体的主、俯视图，绘制第三视图和正等轴测图

3. 根据六棱柱的两视图，画正等轴测图，补齐三视图。

4. 画回转体的正等轴测图

5. 根据视图，绘制物体的斜二测轴测图

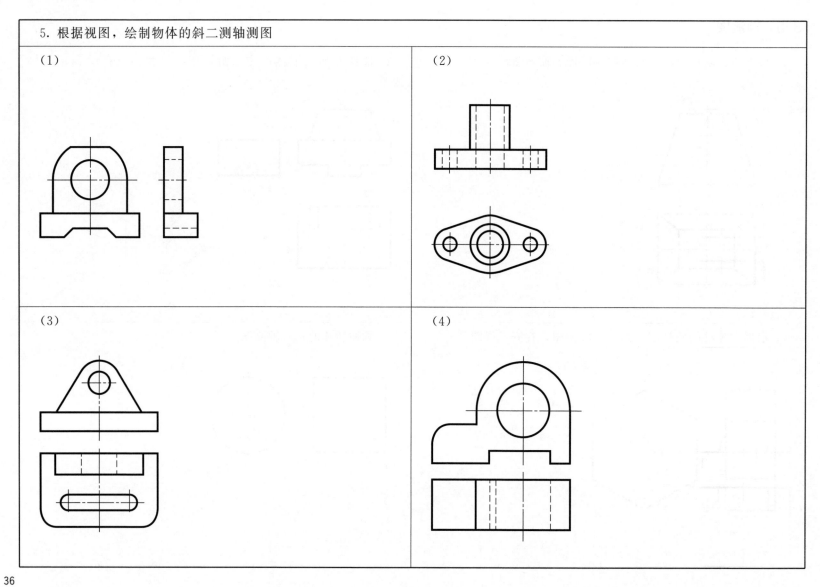

第四章 组合体的画法

4.1 组合体的组合形式

1. 分析组合体三视图中箭头处的交线正确与否，并予以更正

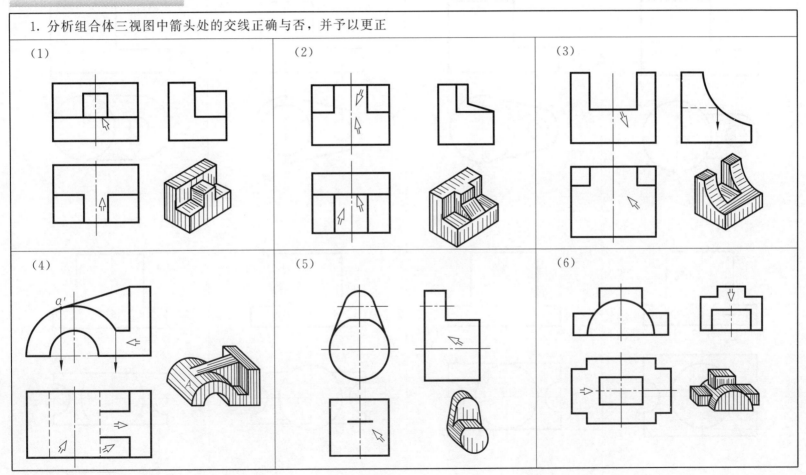

2. 补画组合体表面交线

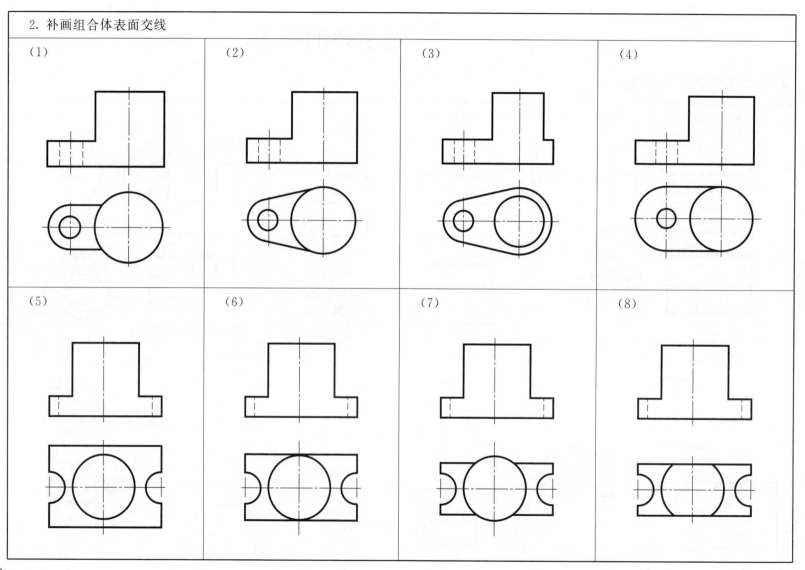

4.2 组合体的三视图画法

1. 参照轴测图,补画视图中所缺的线条

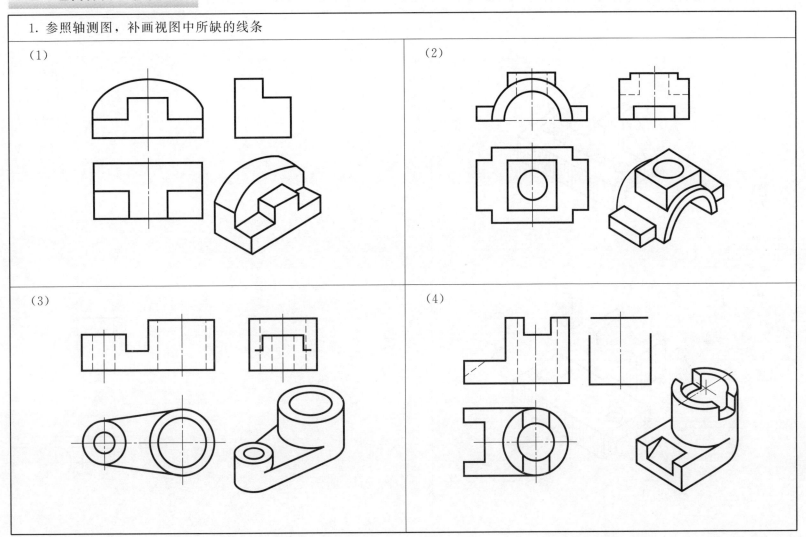

2. 利用形体分析法分析零件结构，在右侧空白处正确画出组合体三视图（自己量取尺寸，选用合适比例）

3. 根据轴测图上所注尺寸，按 1∶1 的比例绘制组合体视图

（1）

（2）

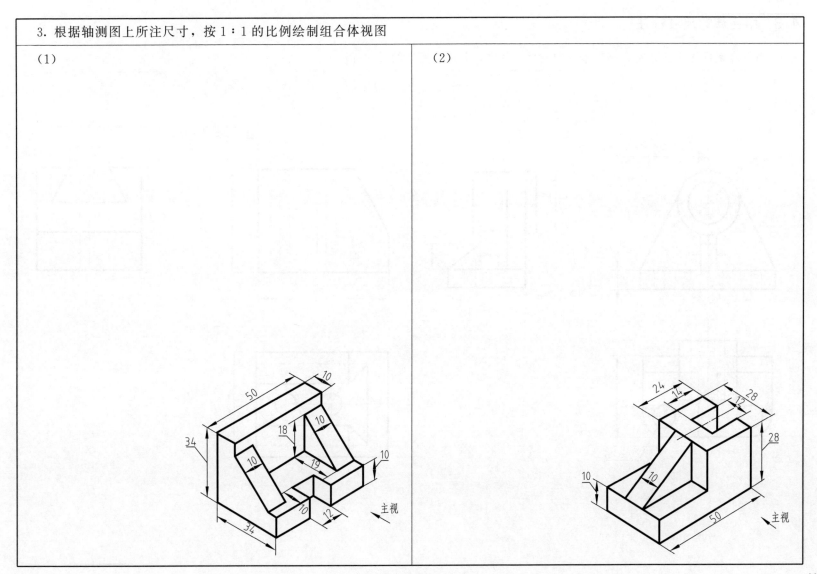

4.3 组合体的尺寸标注

1. 用符号▲标注出长、宽、高三个方向的尺寸基准，并进行完整的尺寸标注

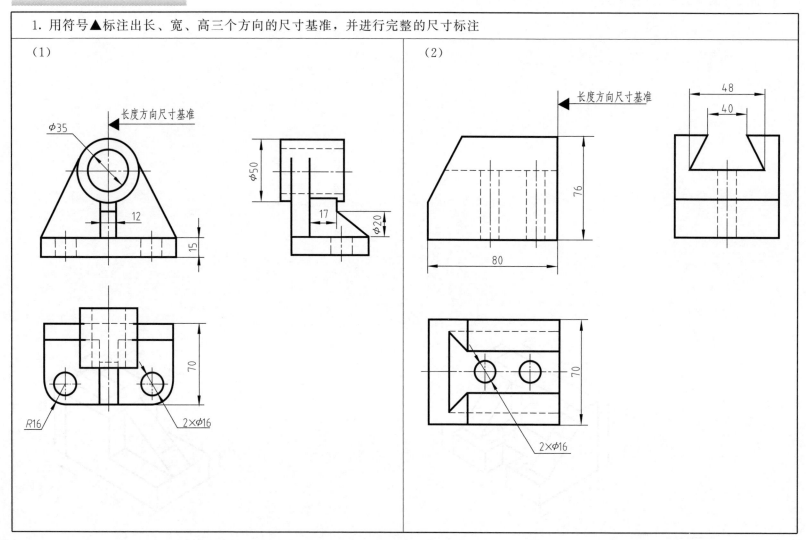

2. 指出长、宽、高三个方向的尺寸基准，按形体分析法分析每个基本立体的定型尺寸和定位尺寸，纠正错误的标注，完善尺寸标注

(1)　　　　　　　　　　(2)　　　　　　　　　　(3)

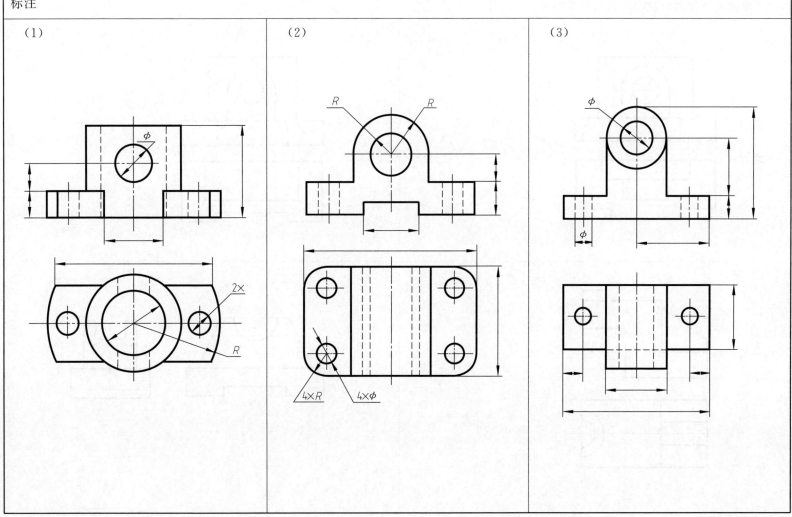

4.4 看组合体视图

1. 根据组合体的两视图作其第三视图

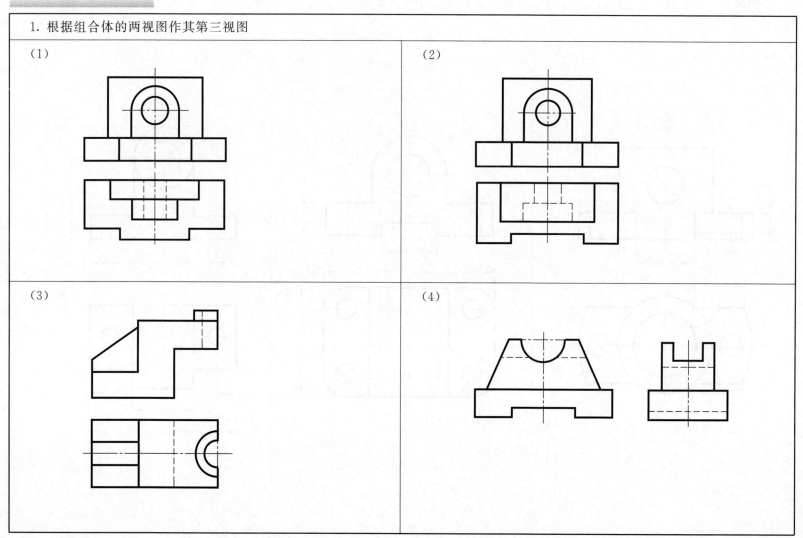

2. 根据立体图，补画三视图

(1)

(2)

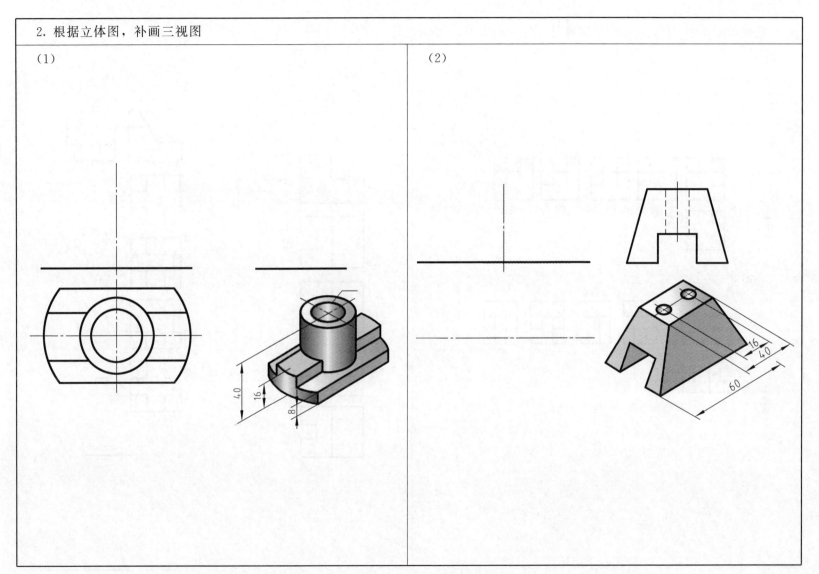

3. 已知两面视图,找出正确的第三视图,在对应第三视图编号处打"√"

(1)　　　　(2)

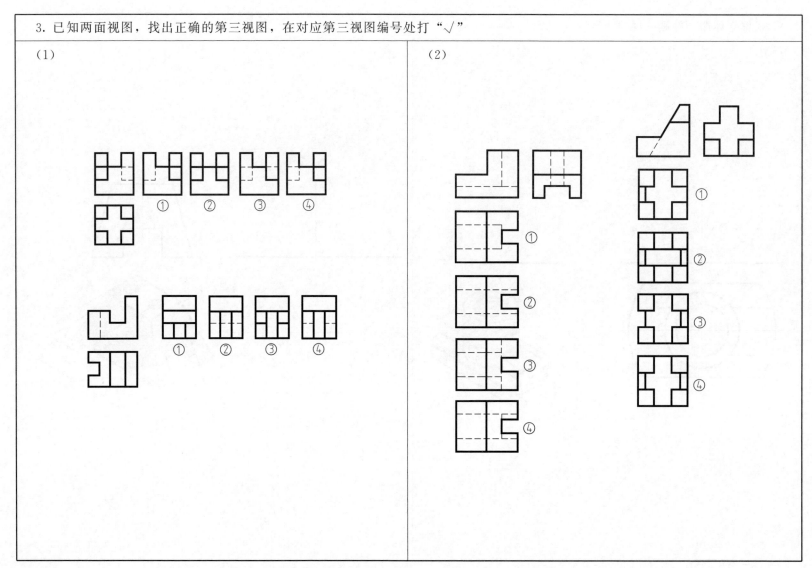

4. 根据模型或轴测图画三视图

目的：掌握组合体的画法和尺寸标注方法

内容：根据轴测图绘制组合体视图；选用合适的比例和图纸幅面。

注意：应用形体分析法分析各组成形体关系；应选择明显反映组合体各组成部分形状和相对位置的方向作为主视方向；度量尺寸进行圆整。

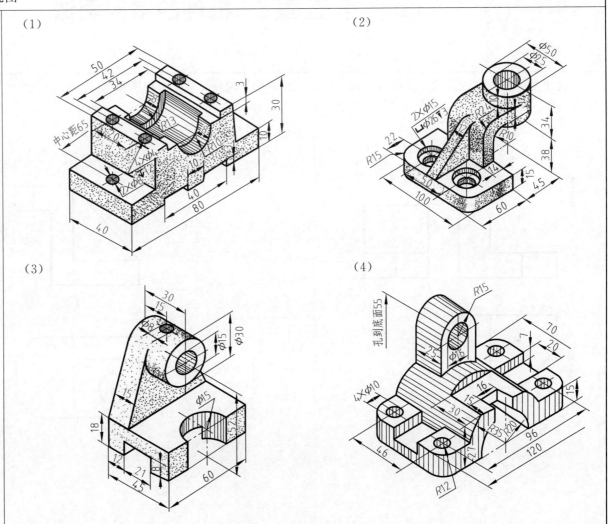

第五章 机件的常用画法

5.1 视图

1. 已知主、俯、左三视图,补画右、仰、后视图

2. 看懂三视图,画出右视图和 A 向、B 向视图

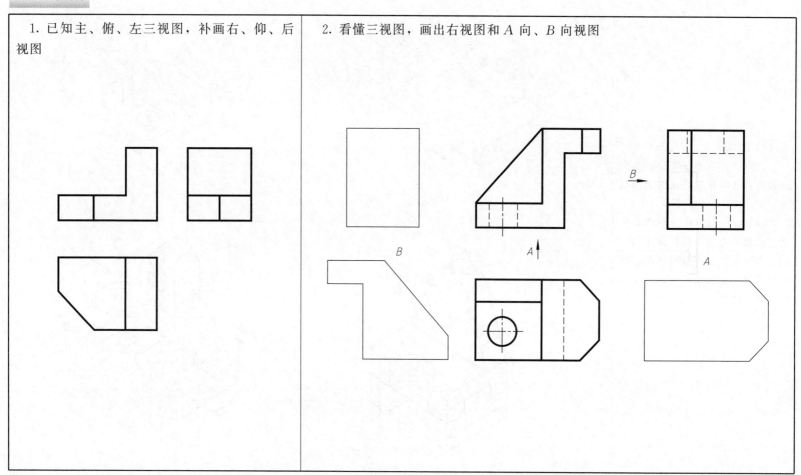

3. 根据主、俯、左视图补画右、后、仰视图

4. 根据主视图和轴测图画出 A、B 向的局部视图

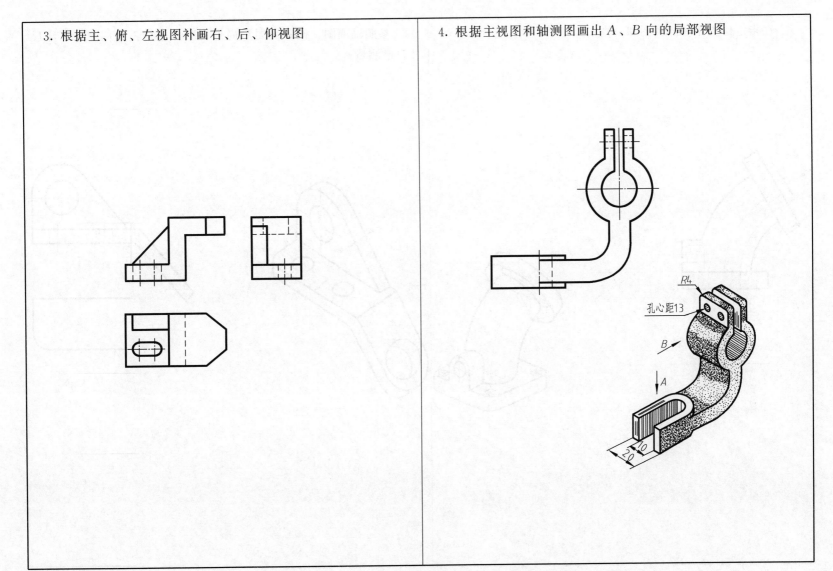

5. 在指定位置作局部视图和斜视图

6. 参照轴测图，作斜视图和局部视图并进行正确标注（未注尺寸自己测量）

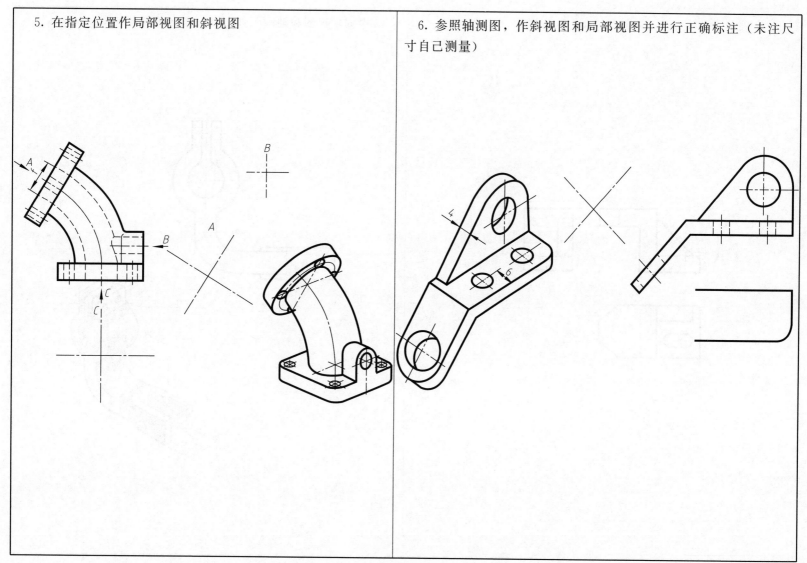

7. 读懂弯板的形状，完成局部视图和斜视图

8. 在指定位置画出支座右部凸台 A 向的局部视图并进行标注

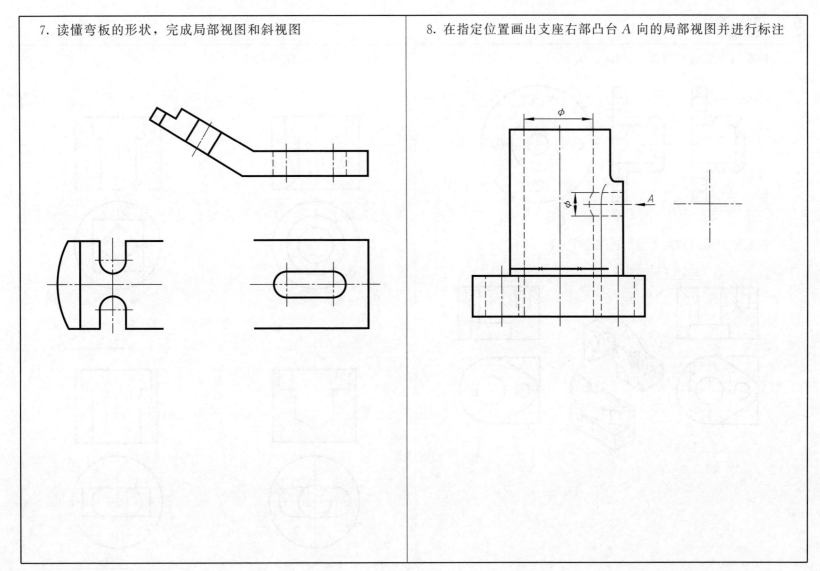

5.2 剖视图

1. 判断两个全剖视图哪个正确

2. 根据轴测图判别两个全剖视图哪个正确

3. 补画视图中所缺的漏线

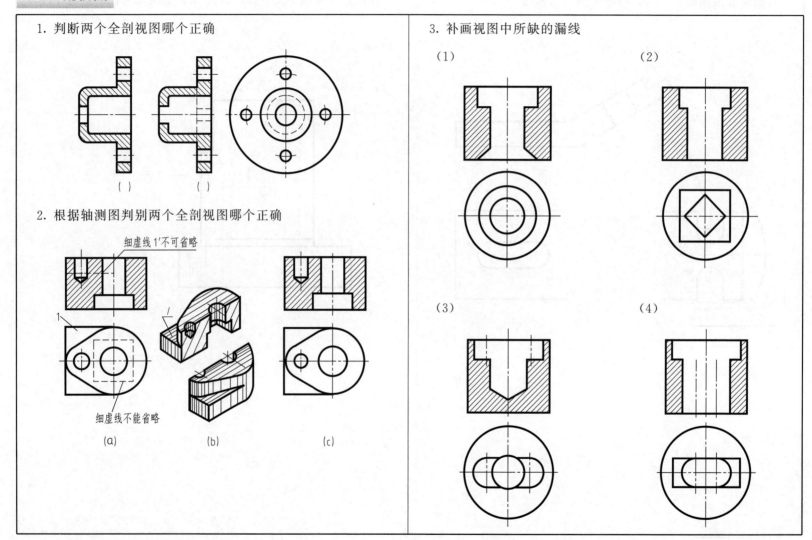

4. 根据轴测图画出全剖视图

5. 根据轴测图补全视图中的漏线

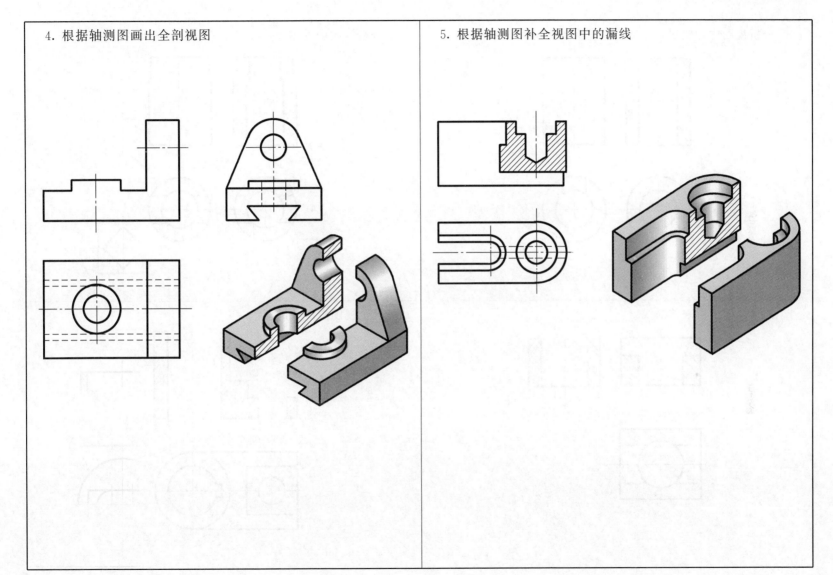

6. 分析视图中的错误，在指定位置绘制正确的剖视图

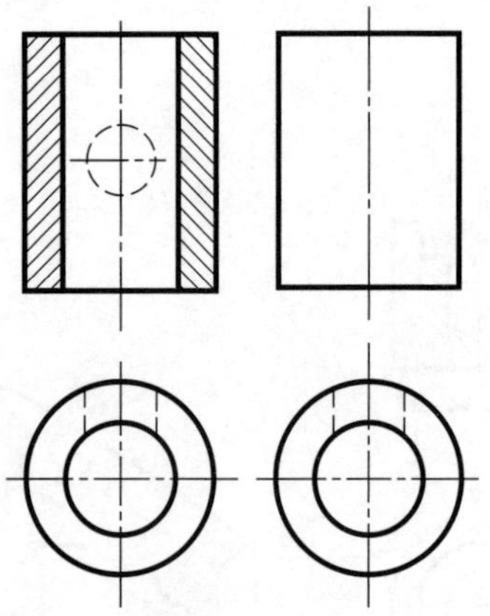

7. 分析视图中的错误，在指定位置绘制正确的剖视图

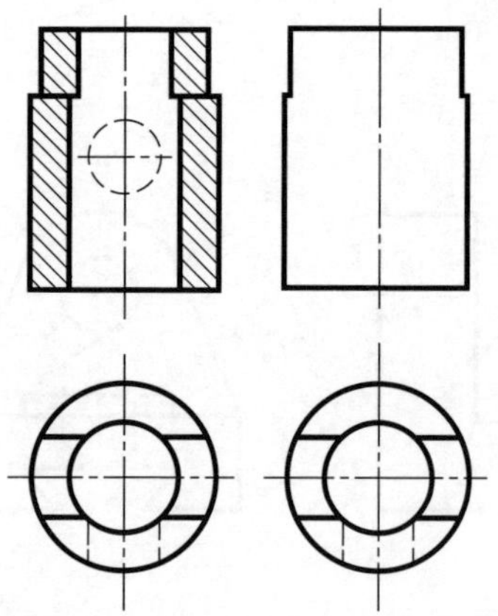

8. 补全视图中所缺的漏线

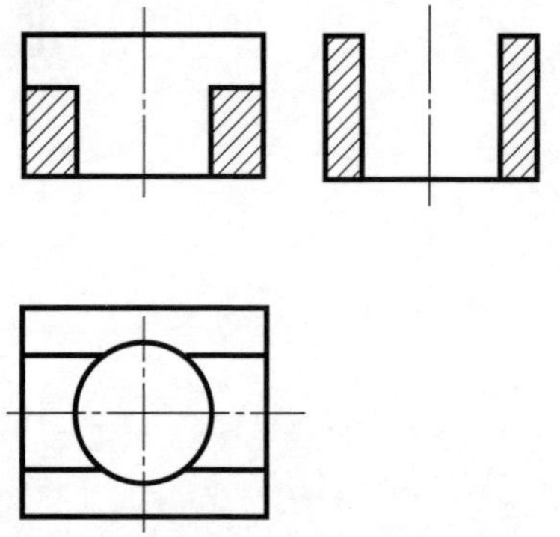

9. 补全视图中所缺的漏线

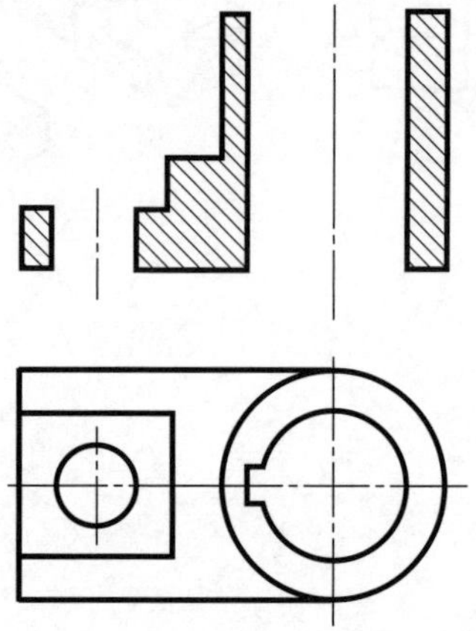

10. 在指定位置将主视图改画成剖视图

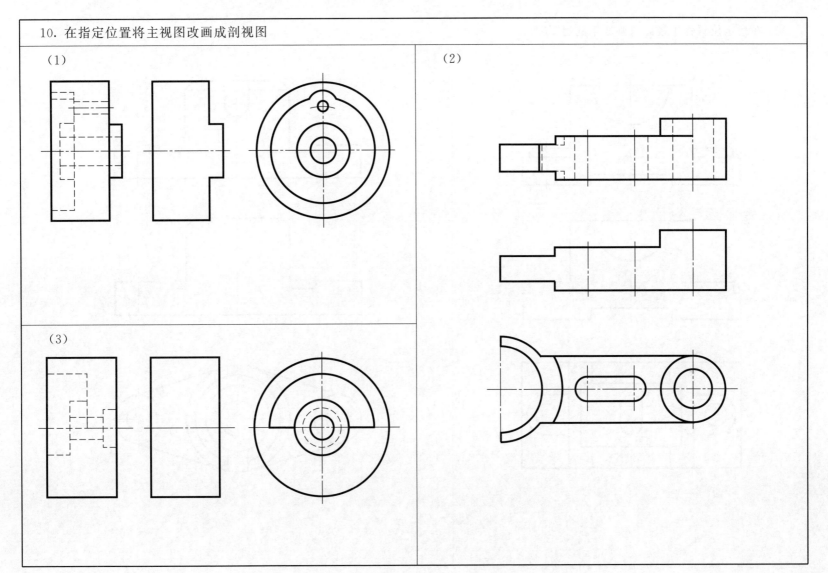

11. 在指定位置将主视图改画成半剖视图

(1)

(2)

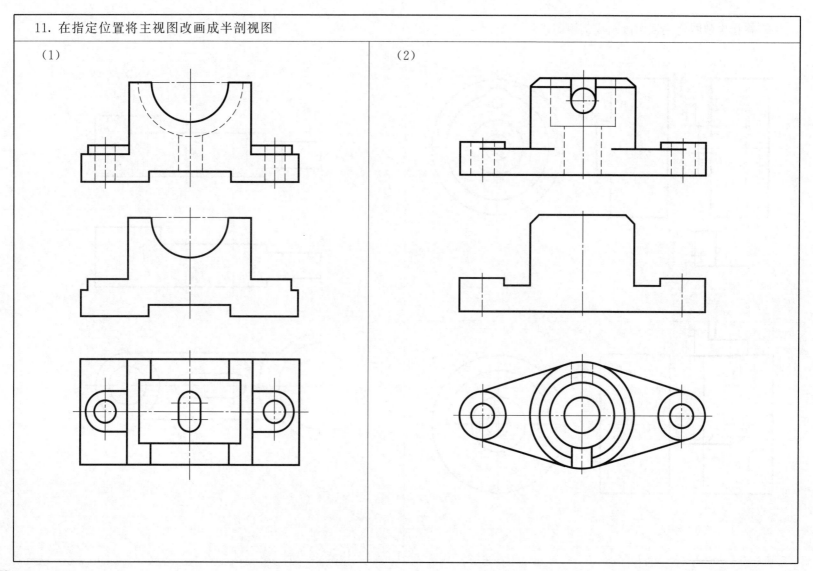

12. 选择正确的主视图

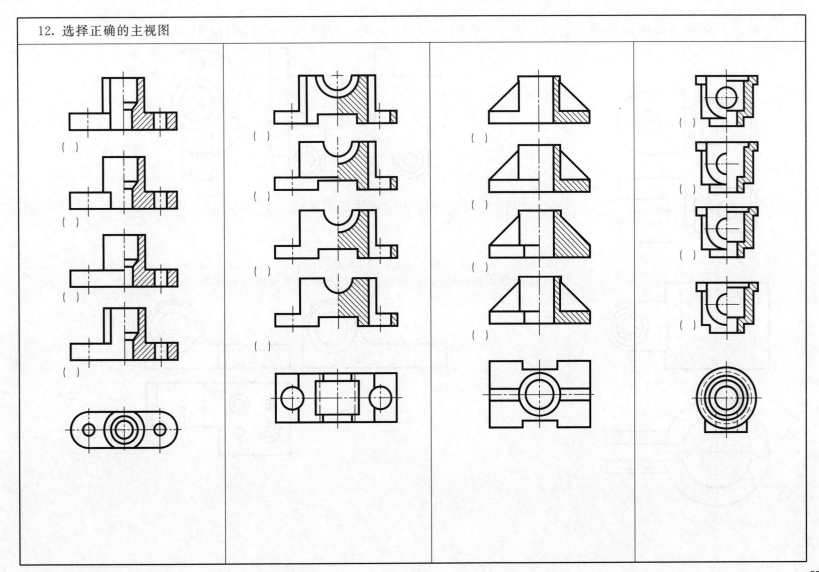

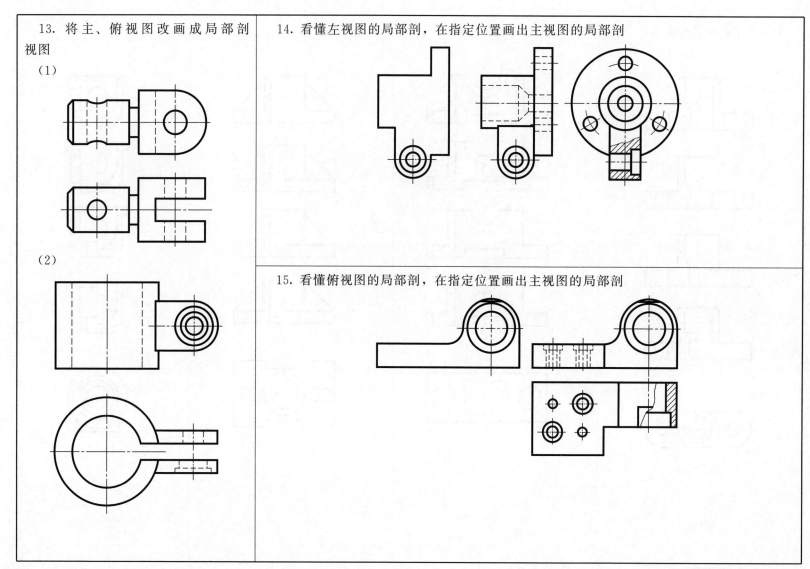

16. 将主视图改画为局部剖视图

17. 将主、右视图改画为局部剖视图

18. 在指定位置将主、俯视图改画为局部剖视图

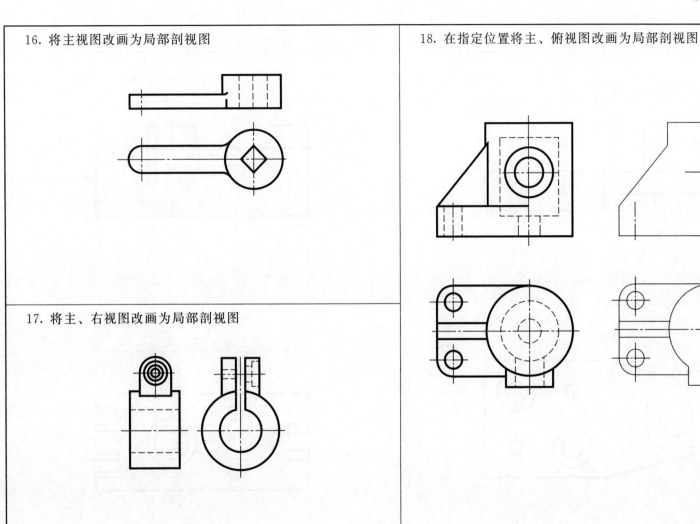

19. 用几个平行的剖切平面进行剖切，将主视图画成全剖视图

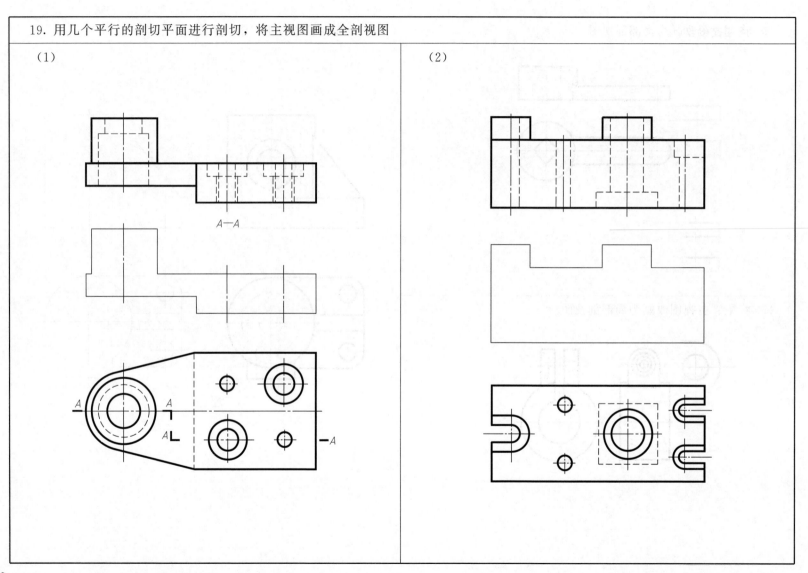

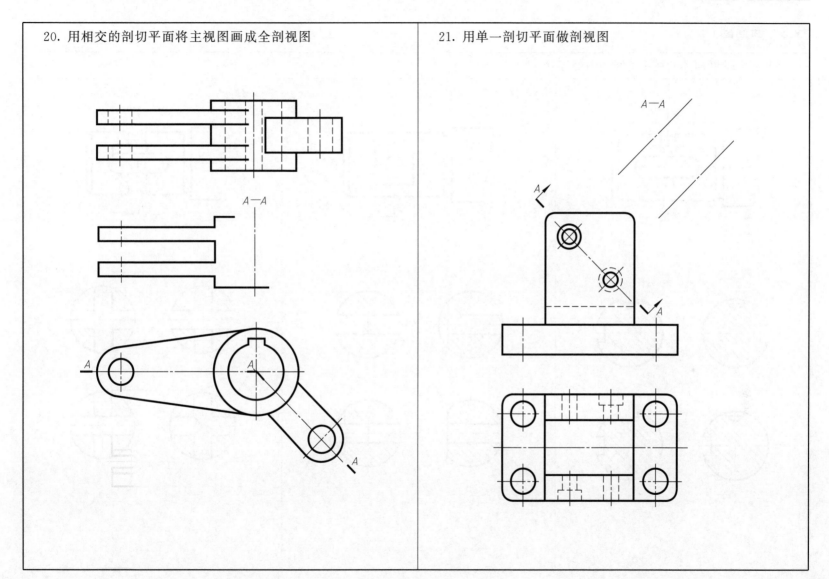

5.3 断面图

1. 找出正确的断面图（在正确断面图处打"√"）

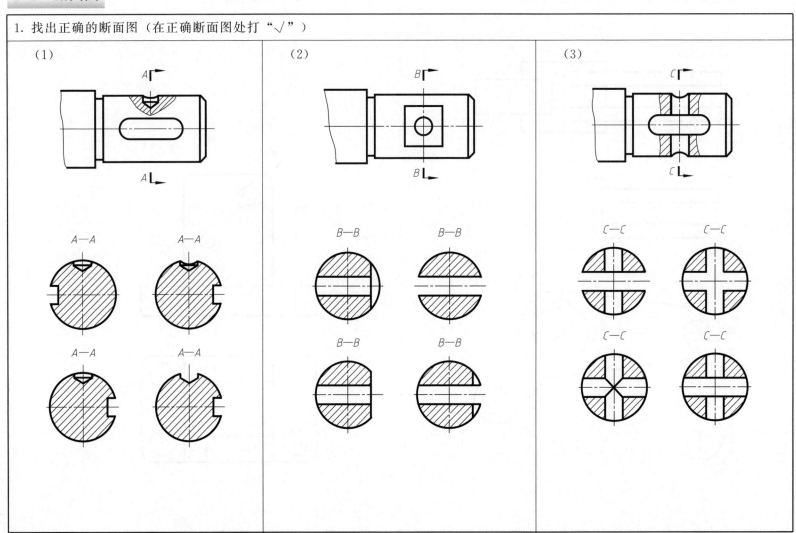

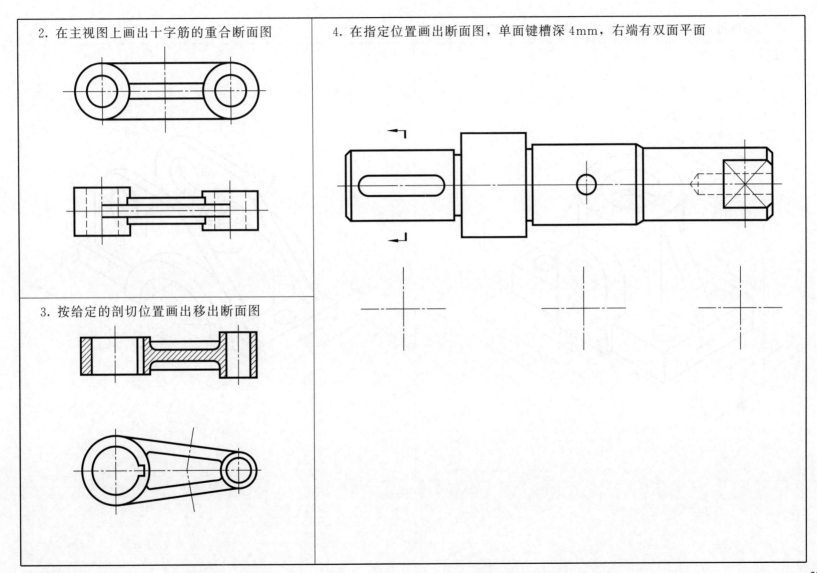

5. 综合练习：按给定的比例在 A3 图纸上绘制出零件的表达图，并标注尺寸

(1)　　　　　　　　　　　　　　　　　(2)

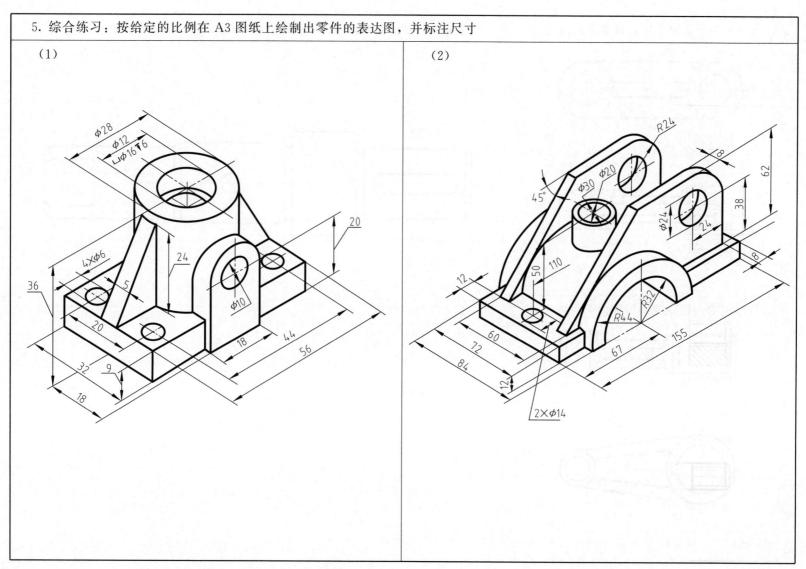

第六章 标准件和常用件制图

6.1 螺纹

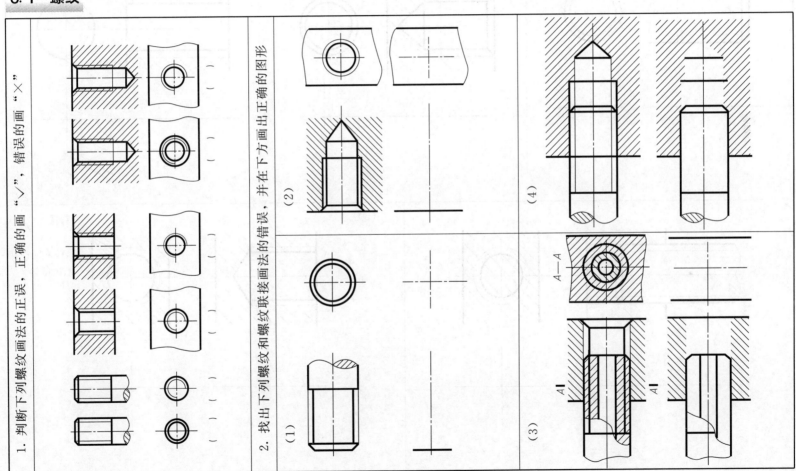

3. 根据螺纹的规定画法，分析错误并画出正确图形

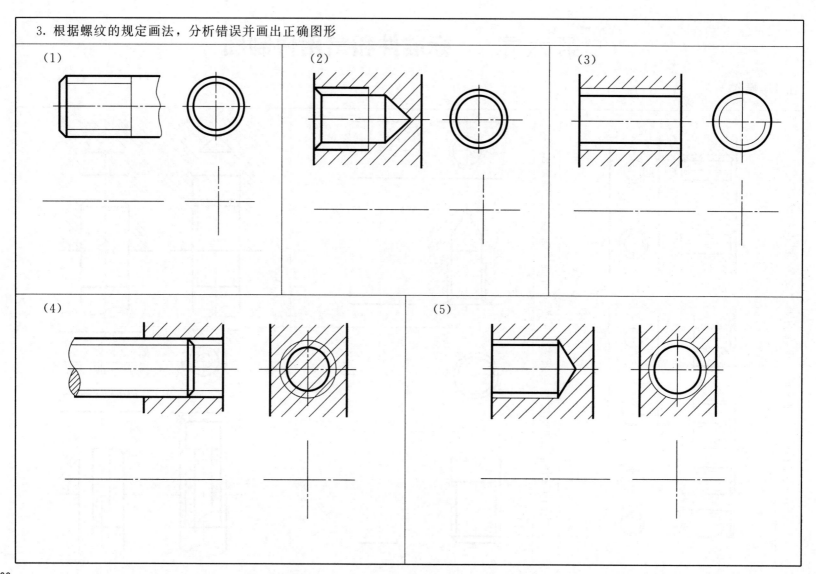

4. 螺纹标记及螺钉联接画法

（1）查表确定下列螺纹紧固件尺寸，并写出其标记

① A级六角头螺栓（GB/T 5782—2016）

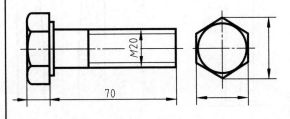

标记_____

② 螺母（GB/T 6170—2015）

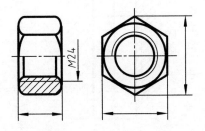

标记_____

③ 双头螺柱（GB/T 897—1988）（被旋入零件材料为45钢）

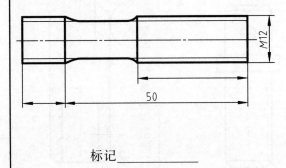

标记_____

④ 垫圈（GB/T 97.1—2002，公称尺寸14）

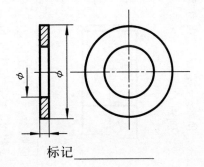

标记_____

（2）补全螺钉连接图中所缺图线（1∶1），螺钉型号为 GB/T 68 M10×40

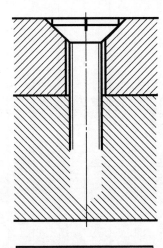

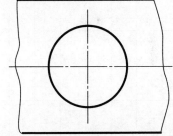

5. 螺纹的标注

(1) 解释螺纹标记的含义，按要求的内容填空

螺纹标记	螺纹种类	公称直径	导程	螺距	旋向	公差带代号	旋入长度
M20LH-7H							
M20×2-5g6g-L							
M10×1-6g							
Tr24×10 (5) -7H							
Tr24×5LH-8e							
G1/2A							
Rc3/4							

(2) 在图上注出螺纹标记

① 普通螺纹：公称直径 $d=16$，$p=2$，右旋，中，顶径公差带代号为 5g，6g，螺纹长 22，倒角 C1.6。

② 普通螺纹：公称直径 $D=16$，$P=1.5$，左旋，中，顶径公差带代号为 7H，螺纹长 26，孔深 34。

③ 梯形螺纹：公称直径 $d=16$，导程 $p=8$，线数 2，长度 20，倒角 C1.6。

④ 锯齿形螺纹，公称直径 $D=12$，导程 $p=4$，线数 2，公差带代号 6H，长度 30，倒角 C1.6。

⑤ 55°非密封管螺纹，尺寸代号 1/2，公差等级 A。

⑥ 用螺纹密封的圆锥管螺纹，尺寸代号为 1/2，右旋。

6.2 螺纹紧固件

1. 查表确定下列各紧固件的尺寸并写出规定标记

(1) 六角头螺栓——A级。

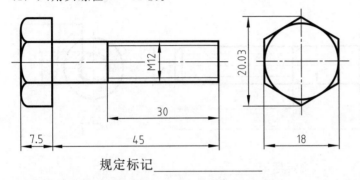

规定标记_____

(2) Ⅰ型六角螺母——A级。

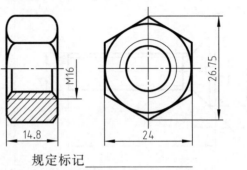

规定标记_____

(3) 双头螺柱（B型，$b_m=1.25d$）。

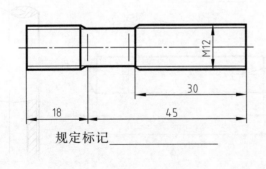

规定标记_____

(4) 平垫圈倒角型——A级。

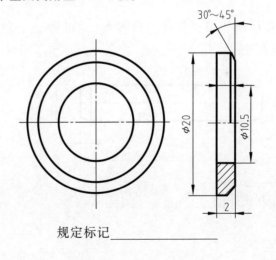

规定标记_____

2. 查表确定下列各联接件的尺寸，并写出规定标记

(1) 开槽沉头螺钉。

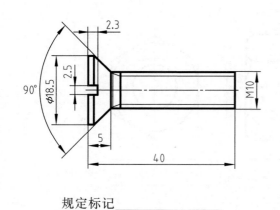

规定标记_____

(2) 内六角圆柱头螺钉（光滑头部）。

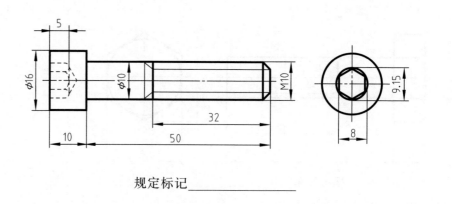

规定标记_____

(3) 普通圆柱销（公称直径为 8，长度为 40，$d_{公差}$ 为 m6）。

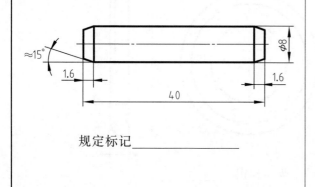

规定标记_____

(4) 圆锥销（A 型，公称直径为 8，长度为 40）。

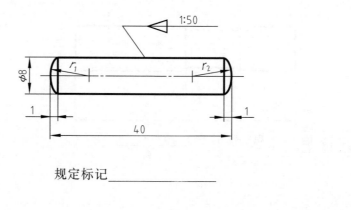

规定标记_____

6.3 键、销

已知齿轮和轴用 A 型圆头普通平键连接，孔直径为 20mm，键的长度为 18mm。
(1) 写出键的规定标记
(2) 查表确定键和键槽的尺寸，用比例 1∶2 画全下列各视图和断面图，并标注键槽的尺寸和键的规定标记

(1) 轴
(2) 齿轮
(3) 齿轮和轴

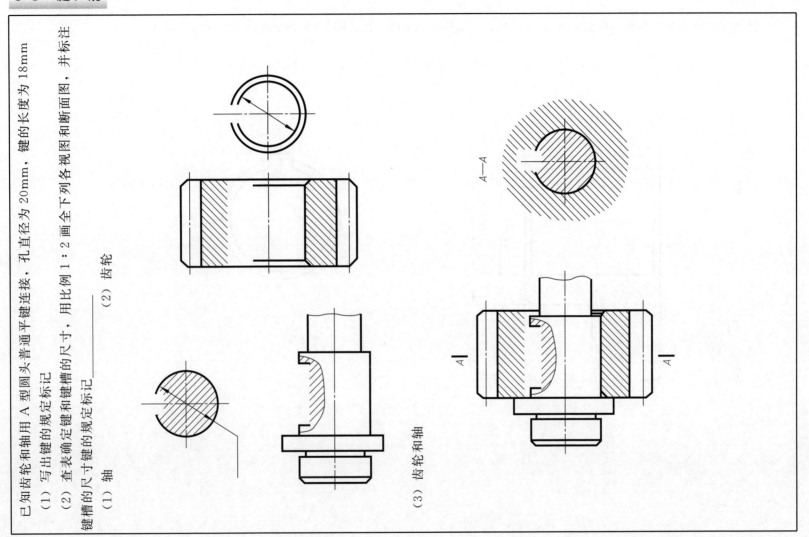

6.4 齿轮

1. 已知标准直齿圆柱齿轮的模数 $m=3$，$z=30$。计算齿轮三个圆直径，用 1:1 补全两面视图并标注尺寸

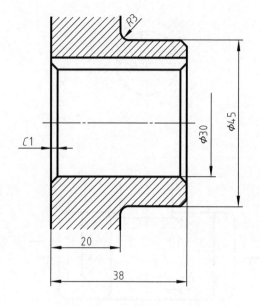

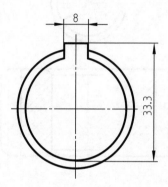

倒角C1

2. 齿轮测绘

齿轮齿数	z
模数	m
压力角	α
精度等级	

(1) 目的

了解齿轮测绘的一般方法和步骤，掌握圆柱齿轮规定画法。

(2) 内容与要求

根据实物（或轴测图）测绘一标准圆柱齿轮，先画草图，再在 A4 图纸上画出正式图。

(3) 测绘步骤

① 对齿轮的结构形状进行观察分析。

② 数出齿数、测量齿顶圆、计算齿轮模数后，取标准模数。

③ 计算齿轮各部分尺寸。

④ 画出齿轮草图。

⑤ 测量齿形以外的结构尺寸，把测得尺寸数字记入图中。

⑥ 认真检查确定无误后，画正式图。

(4) 注意点

① 测绘时要注意排除齿轮结构缺陷和磨损。

② 齿轮参数放在右上角。

③ 把齿轮孔和键槽测得数字查表，然后取标准值。

④ 若按右边轴测图画图，齿顶圆直径 $\phi132$，齿长 42，轴孔 $\phi30$，轮辐板厚 14，轮毂外径 $\phi50$，轮毂长度 50，轴板上的小圆孔 $\phi30$，（圆心分布在 $\phi90$ 圆上）。

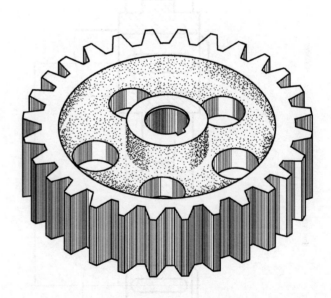

3. 已知大齿轮 $m=4$，$z=40$，两轮中心距 $A=120$，计算大小齿轮的 d、d_a、d_f。用 1∶2 的比例绘制啮合图

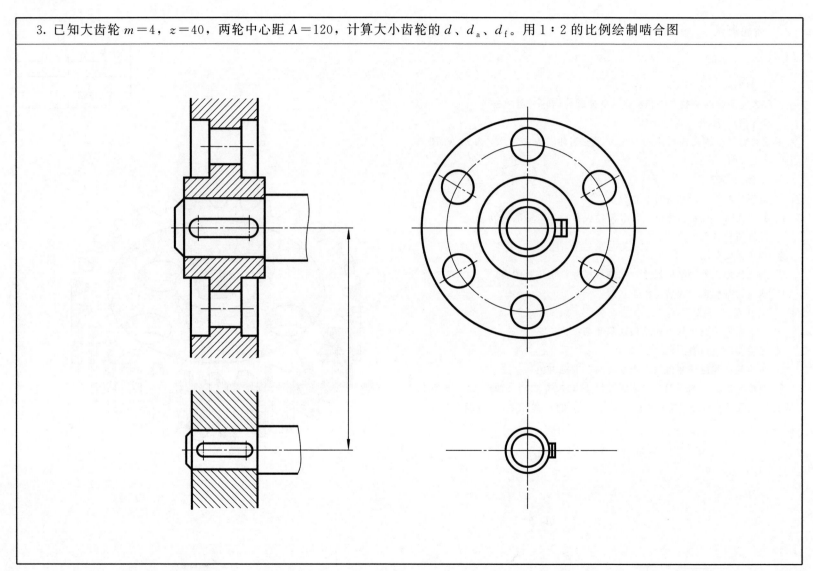

4. 已知锥齿轮的模数 $m=4$，齿数 $z=25$，分度圆锥角 $\delta=45°$，齿宽=20。计算齿轮分度圆、顶圆、根圆的直径，完成视图

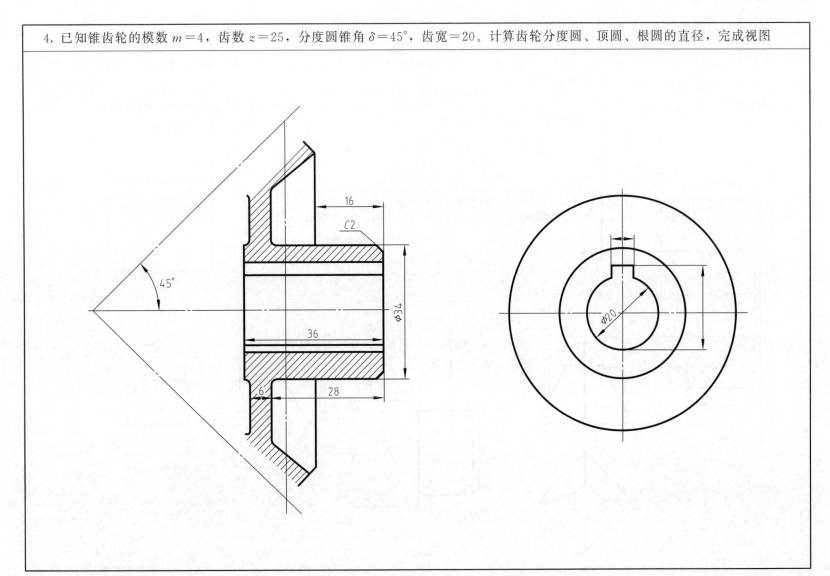

6.5—6.6 滚动轴承和弹簧

1. 齿轮与轴用直径为 5mm 的圆柱销连接，写出圆柱销的规定标记，并完成销联接的剖视图

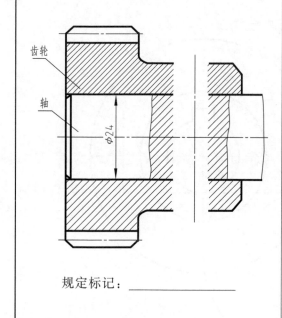

规定标记：_____

2. 解释下列滚动轴承代号含义并查表

滚动轴承 6205 GB/T 276—1994				
名称及代号	尺寸系列代号	外形尺寸		
		内径 d	外径 D	宽度 B

滚动轴承 30307 GB/T 297—1994

滚动轴承 51211 GB/T 301—1995

3. 用规定画法在下图轴端画出滚动轴承 6205 与轴的装配图

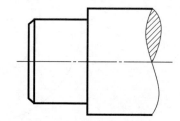

4. 已知圆柱螺旋压缩弹簧的簧丝直径为 $\phi5$，弹簧中径为 $\phi45$，节距为 10，弹簧自由高度为 70，支承圈数为 2.5 圈，右旋。画出弹簧全剖主视图

第七章 零件图制图

7.1—7.2 零件图的作用和表达方法

1. 左图所示表达方案共用____个视图表达，其中表示零件外形的是____视图、____视图和____视图。A—A 剖视表示左边____的内部形状，B—B 剖视表示____孔的内部形状，C—C 剖视表示____孔及____的厚度，D—D 剖视表示____的形状及其与肋板的相对位置。此方案的优缺点是什么？

表达方案 Ⅰ

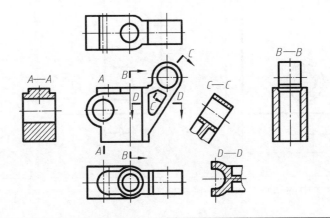

2. 右图所示表达方案共用____个视图表达。主视图主要表示零件的外形，并采用____剖视表示中间通孔的形状；俯视图上两处局部剖视分别表示____和____的局部形状；C—C 剖视表示____的内部形状；B 向局部视图表示摇臂座____的外形。此表达方案的优缺点是什么？

表达方案 Ⅱ

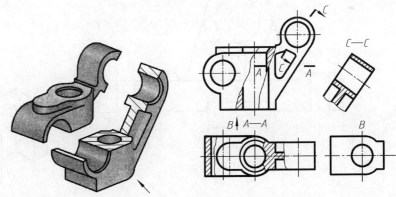

77

7.3—7.4 零件图的尺寸标注、技术要求

1. 指出零件长、宽、高方向尺寸的主要基准和辅助基准

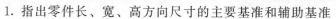
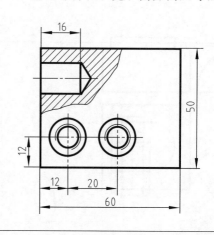
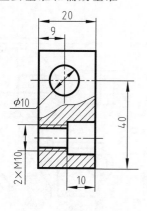

2. 指出尺寸标注中的错误，并作正确标注

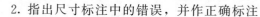
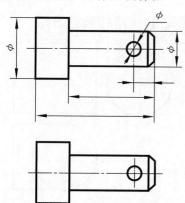

3. 指出尺寸标注中的错误，并作正确标注

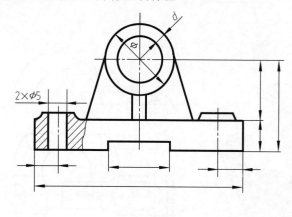
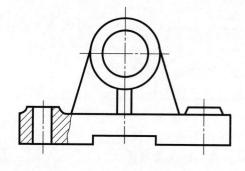

4. 指出轴向尺寸的主要基准和辅助基准，标出所遗漏的尺寸

5. 指出长、宽、高方向的主要基准和辅助基准，标出所遗漏的尺寸

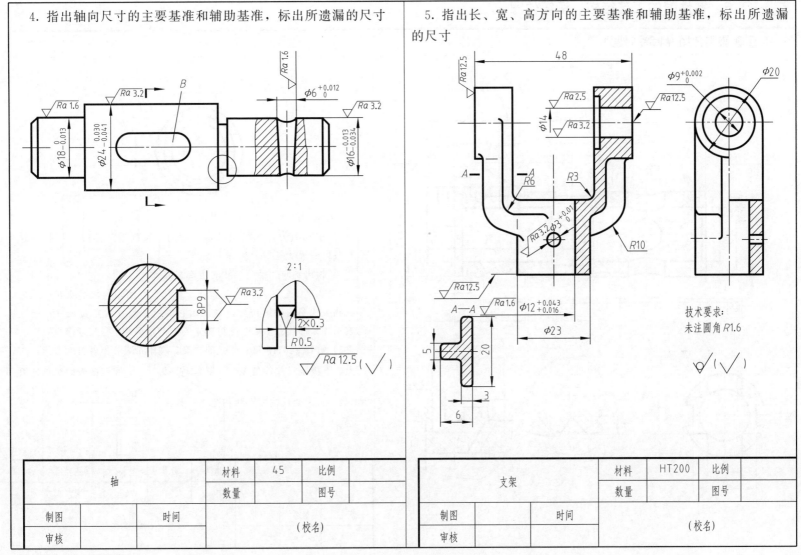

7.5—7.6 零件图的工艺结构、读零件图

1. 读套筒零件图并回答问题

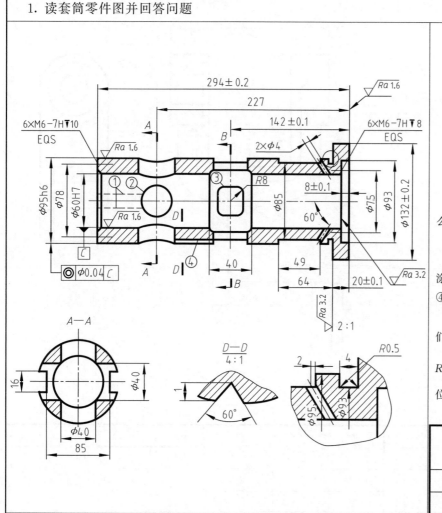

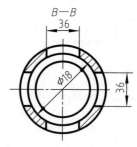

(1) 全剖视图的选择符合什么原则？

(2) 主视图为什么采用全剖？套筒沿轴线的主体内外形状是什么？各段的尺寸是多少？

(3) 指出轴向和径向尺寸的主要基准。

(4) 线框②、③表示什么形状，有几个？用相同数字或同一颜色涂在相关视图的投影位置，并说出它的定形尺寸和定位尺寸；线框④表示什么形状？从哪个图可确定？它的定形和定位尺寸多少？

(5) 解释 $\phi60H7$ 和 $\phi95h6$ 的含义，在附录表查出各自偏差值，它们上、下极限尺寸各是多少？解释 ◎ $\phi0.4$ C ；哪些面表面粗糙度值 Ra 最小？说明这些面形状和范围；解释 $\dfrac{6\times M6-7H\downarrow 10}{EQS}$ 的含义及定位尺寸。

套筒	比例	数量	材料	（图样代号）
	1:4	1	45	
制图	姓名	日期		（单位名称）

2. 读轴承盖零件图

（1）此零件是属于哪类零件？主视图符合零件的什么位置？采用什么剖视？沿轴向的内、外主要结构是什么形状？左视图采用什么剖视？其目的是表示什么？

（2）1′、2′、3″线框表示什么形状？有几处？定形尺寸是多少？线框4″表示什么形状，是否有漏线？

（3）指出轴向和径向尺寸的主要基准、轴向辅助基准；说明轴向所有定位尺寸（有的与定形尺寸相重合），解释 4×φ9⌴φ20 和 φ70d11 的含义，表面粗糙度最高值是多少？

（4）综合想象轴承套内外形。

（5）用对称简化画法画出全剖俯视图。

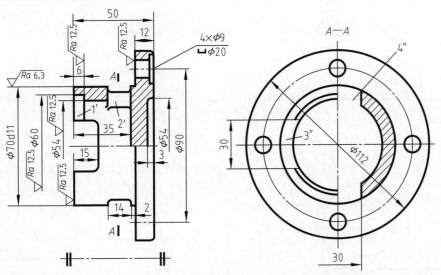

技术要求：
1. 铸件不得有气孔、裂纹等缺陷
2. 未注圆角均为 R3

3. 读托架零件图并回答问题

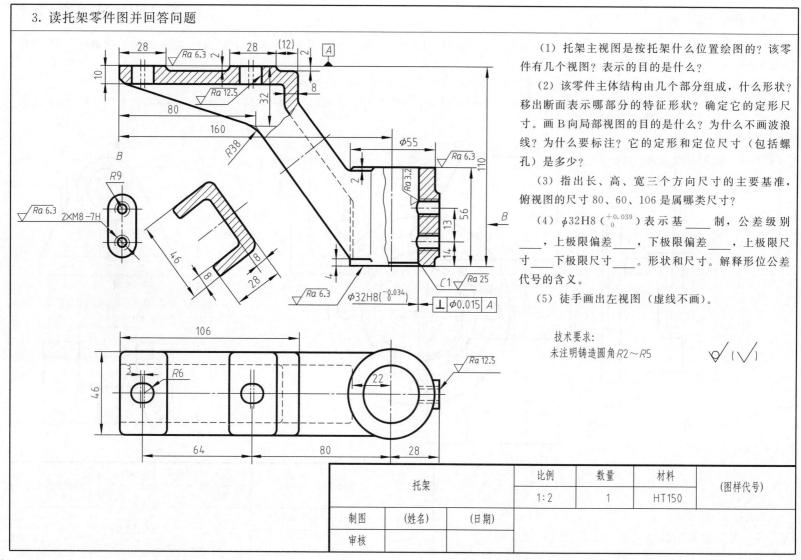

（1）托架主视图是按托架什么位置绘图的？该零件有几个视图？表示的目的是什么？

（2）该零件主体结构由几个部分组成，什么形状？移出断面表示哪部分的特征形状？确定它的定形尺寸。画B向局部视图的目的是什么？为什么不画波浪线？为什么要标注？它的定形和定位尺寸（包括螺孔）是多少？

（3）指出长、高、宽三个方向尺寸的主要基准，俯视图的尺寸80、60、106是属哪类尺寸？

（4）$\phi 32H8\,(^{+0.039}_{\ 0})$ 表示基＿＿＿制，公差级别＿＿＿，上极限偏差＿＿＿，下极限偏差＿＿＿，上极限尺寸＿＿＿下极限尺寸＿＿＿。形状和尺寸。解释形位公差代号的含义。

（5）徒手画出左视图（虚线不画）。

技术要求：
未注明铸造圆角R2～R5

4. 读机座零件图并回答问题

(1) 全剖主视图的选择符合什么原则？B-B 全剖俯视图采用什么画法？

(2) 泵体的主体外形由几部分组成？在左边画出主视图外形草图，左端面有哪些孔？它的定形尺寸和定位为多少？右端面有几个孔？从哪个视图可以确定？

(3) 指出三个方向尺寸的主要基准及主要定位尺寸，说明底板两圆孔的定形尺寸和定位尺寸。

(4) 解释 $\phi 60H7$ 的含义。

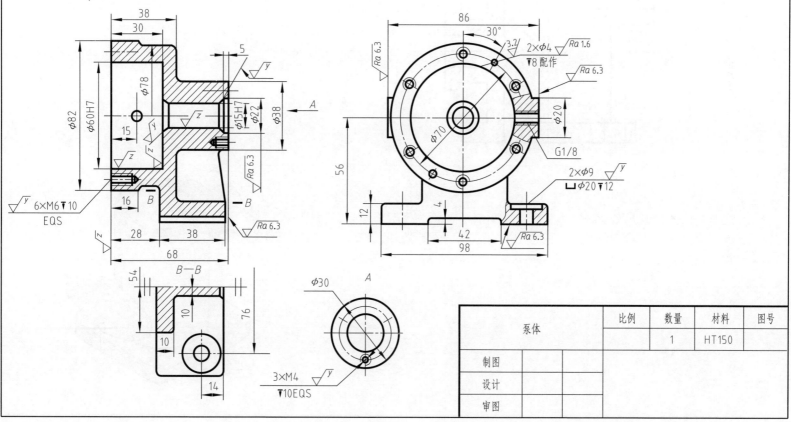

5. 参照立体示意图和选定的视图确定表达方案，比例自定，标注尺寸

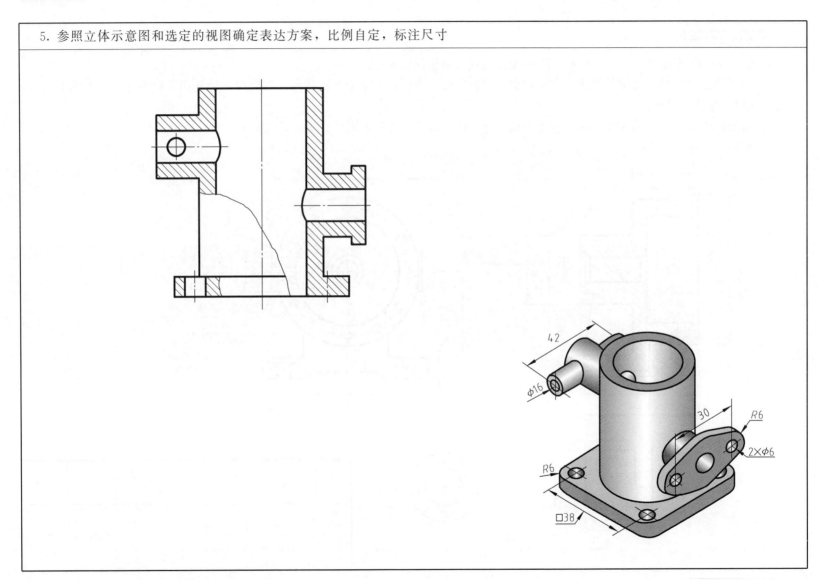

6. 根据轴测图在图纸上按 1∶1 绘制阀体零件图，并标注尺寸和公差及表面粗糙度

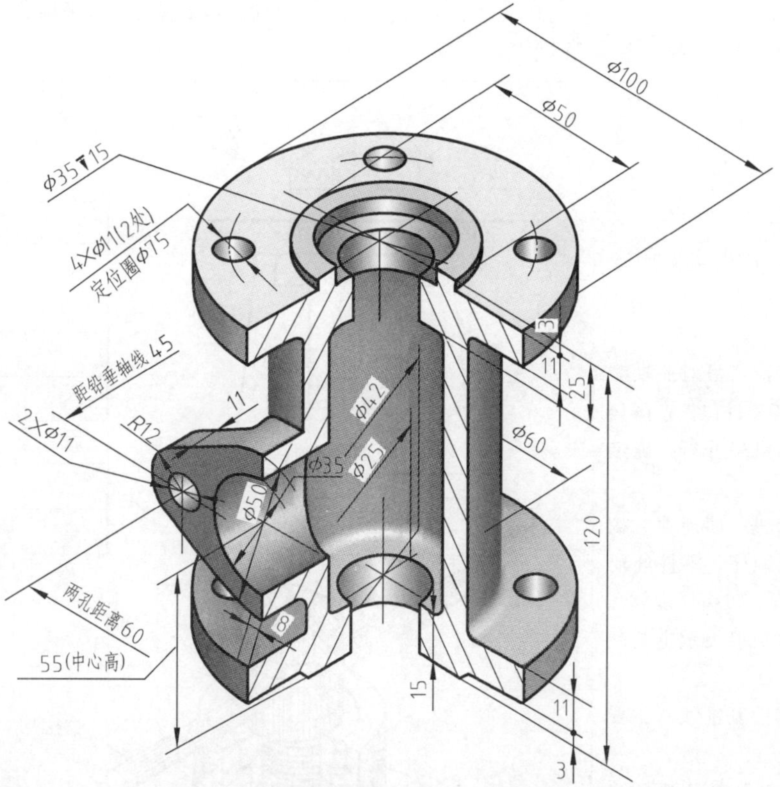

名称：阀体
材料：HT150
技术要求：未注铸造圆角 R3

第八章 装配图制图

（注：本章练习题目采用综合练习，不按主教材内容顺序编排习题）

一、读千斤顶零件图和装配示意图、轴测图，画装配图

1. 要求

熟悉装配图的内容，掌握装配图的表示方法。明确绘制装配图的方法和步骤。

2. 内容

按老师指定的题目，根据零件图拼画 1~2 张装配图，图幅由老师确定。

3. 步骤

（1）根据装配体的名称和装配示意图序号对照轴测图，与相应零件图相对照，初步了解各零件位置，区分一般零件和标准件，对装配体的功能粗略分析，确定复杂程度及大小。

（2）读懂零件图，并与装配示意图进一步对照，搞清楚零件工作位置和作用，分析装配顺序、零件间的装配关系、连接方法，搞清楚传动路线、工作原理。

（3）确定表示方案，选择主视图（一般表示主装配线）及其他视图。

（4）合理布图。先画出各视图的作图基准线（主要装配干线，对称线等）。

（5）拟定画装配图的作图顺序，一般从主视图开始，从主装配图线入手，由内向外逐个画出各零件的投影（也可酌情由外向里绘制）。

（6）标注尺寸，填写技术要求，编写序号和明细栏。

（7）作图完成后，认真校对，进行全面检查和修正。

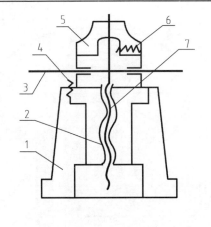

序号	名称	数量	标准号
7	螺旋杆	1	
6	螺钉	1	GB/T 75—1985
5	顶垫	1	
4	螺钉	1	GB/T 73—1985
3	绞杠	1	
2	螺套	1	
1	底座	1	

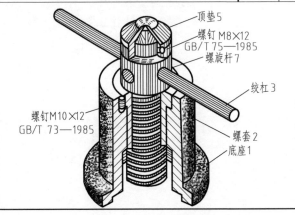

在使用时，须按逆时针方向旋转转动绞杠3，使螺旋杆7向上升起，通过顶垫把重物顶起。

（续）

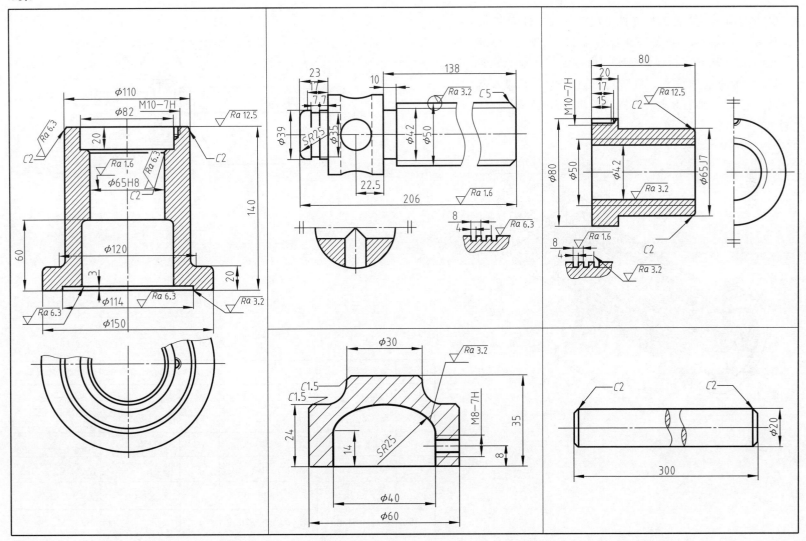

二、由铣刀头零件图和装配示意图、轴测图绘画装配图（比例 2：1）

铣刀头由一般零件和标准件组成。一般零件为轴 7、座体 8、V 单轮 4、调整环 9 及端盖 11（2 件），标准件见下表。当 V 带轮 4 旋转时，由键 5 带动轴 7 旋转（轴支撑在两端轴承 6 上旋转），通过键 16 带动刀盘旋转进行切削加工。画装配图时轮廓线用细双点画线画出。

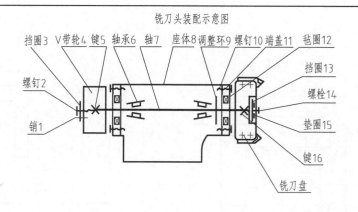

铣刀头装配示意图

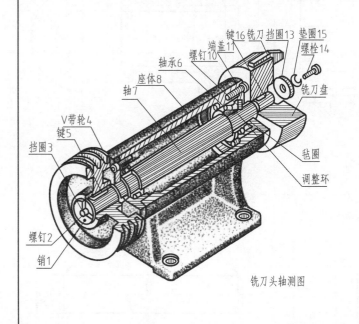

铣刀头轴测图

铣刀头中的标准件

序号	名称	标准号	序号	名称	标准号
1	销 3m6×12	GB/T 119.1—2000	12	毡圈	FJ314—1981
2	螺钉 M6×20	GB/T 68—2000	13	挡圈 B32	GB/T 862—1986
3	挡圈 A35	GB/T 891—1986	14	螺栓 M6×20	GB/T 5782—2000
5	键 8×7×40	GB/T 1096—2003	15	垫圈 6	GB/T 93—1987
6	轴承 30307	GB/T 297—1994	16	键 6×6×20	GB/T 1096—2003
10	螺钉 M8×20	GB/T 70.1—2000			

（续）

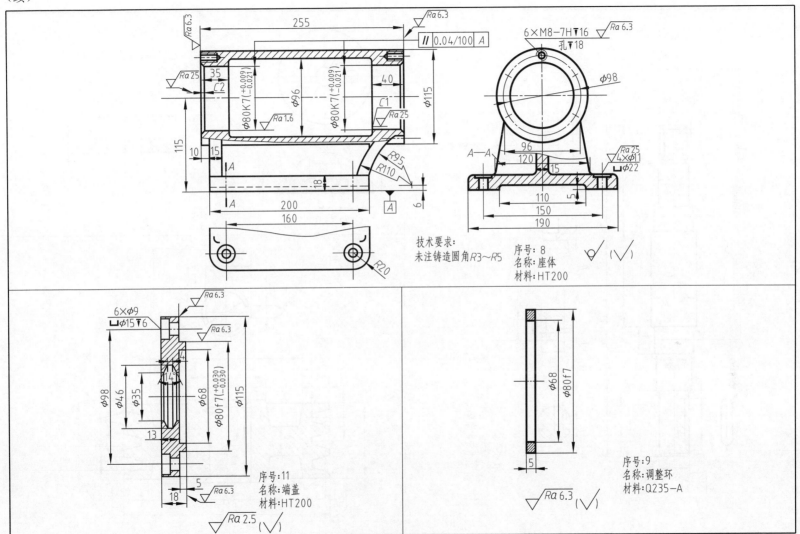

（续）

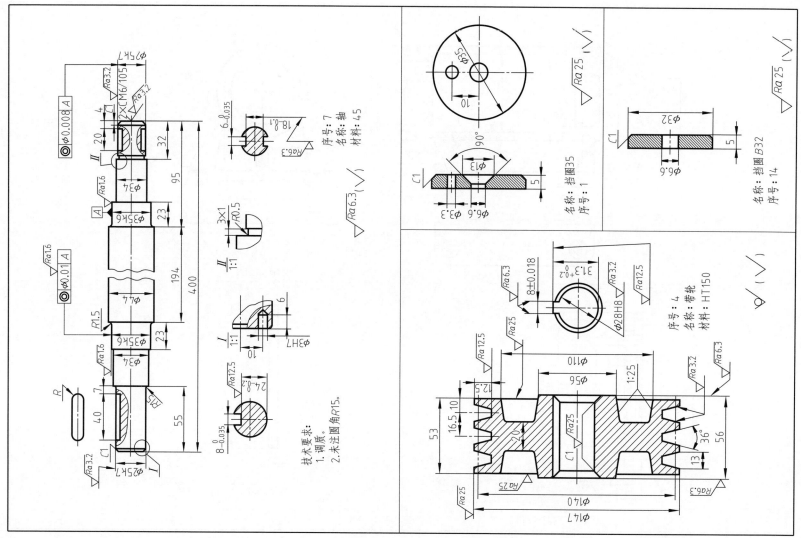

三、读拆卸器装配图，拆画零件图

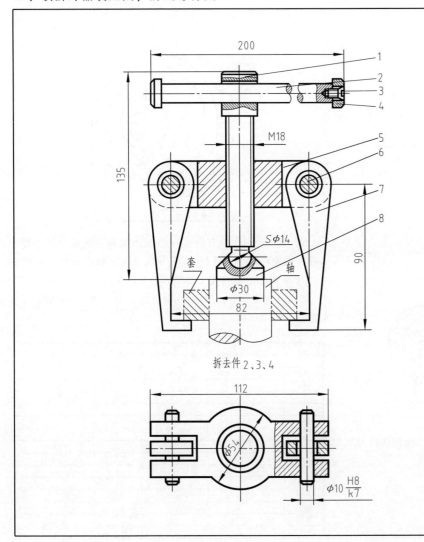

拆去件 2、3、4

拆卸器用来拆卸紧密配合在一起的两个零件。工作时，把压紧垫 8 触至轴端，使抓子 7 勾住轴上要拆卸的轴承或套，顺时针转动把手 2，使压紧螺杆 1 转动，由于螺纹的作用，横梁 5 此时沿螺杆 1 上升，通过横梁两端的销轴 6，带着两个抓子 7 上升，直至将要拆卸的零件从轴上拆下。分析主视图采用什么剖，为什么抓子 7 不剖，其他采用局部剖。拆画件与零件草图，图中未注尺寸按 1∶1.3 量取整数。

8		压紧垫	1	45	
7		抓子	2	45	
6	GB/T 119.1—2000	销10×60	2		
5		横梁	1	Q235-A	
4		垫圈	1	Q235-A	
3	GB/T 68—2000	沉头螺钉M5×8	1		
2		把手	1	Q235-A	
1		压紧螺杆	1	45	
序号		名称	1	材料	备注

拆卸器	比例	重量	张数	
	1∶2		共张	
制图	(姓名)	(日期)	(单位名称)	
审核				

四、读微动机构装配图,拆画零件图

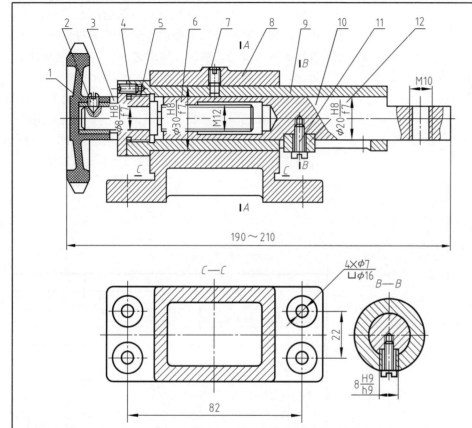

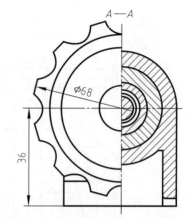

微动机构导杆 10 右端有一个 M10 螺纹,转动手轮 1 时螺杆做旋转运动,导杆 10 在导座 9 内做轴向维移。导杆 10 上装键 12,在导座 9 的槽内起导向作用。导座 9 用螺钉 7 固定在支座 8 上,导杆 10 做直线移动。轴套 5 对螺杆 6 起支撑定位作用。

12		键	1	45	
11	GB/T 65—2000	螺钉 M3×14	1	Q235A	
10		导杆	1	45	
9		导座	1	45	
8		支座	1	ZAlSi9Mg	
7	GB/T 75—1985	螺钉 M6×12	1	Q235A	
6		螺杆	1	45	
5		轴套	1	45	
4	GB/T 73—1985	螺钉 M3×8	1	Q235A	
3		垫圈	1	Q235A	
2	GB/T 71—1985	螺钉 M5×8	1	Q235A	
1		手轮	1		
序号	代号	名称	数量	材料	备注
制图		日期		微动机构	比例
审核					
(校名 学号)				(重量)	(图号)

(1) 从件 1 动力输入开始,沿主轴装配图顺序分析各个动、静件主要结构形状以及如何实现轴向微动。
(2) 分析图中标注的各处配合是什么配合。
(3) 画出件 9 零件草图。
(4) 分析装配顺序和方法。

五、读三通阀装配图，拆画零件图（零件自定）

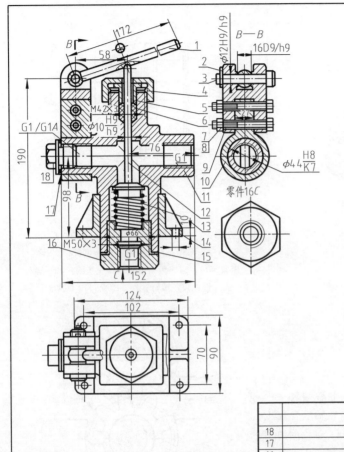

三通阀下方与进水管相连，左右两端接出水管。按下手柄1，阀门12克服弹簧弹力打开管路，液体从下端流向右端出水管。放开手柄，阀门12复位，通道即被封住。

分析主装配图中各零件结构和作用。怎样才能拆下件12阀门？拆画阀体零件图。

18	螺塞	1	Q235-A		7	GB/T 91—2000	螺母 M10	2	
					6		填料		油浸石棉
17	垫片	1	耐油橡胶板	3707	5		填料压盖	1	Q235-A
16	管接头	1	Q235-A		4		盖螺母	1	30钢
15	垫片	1	耐油橡胶板	3707	3		小轴	1	Q275
14	安装架	1	HT150		2	GB/T 197—2000	开口销	1	
13	弹簧	1	65Mn		1		手柄	1	20钢
12	阀门	1	Q275		序号	代号	名称	数量	材料	备注
11	阀体	1	HT200		三通阀		比例	重量	共张	（图样代号）
10	支架	1	30钢				1:2		第张	

六、部件测绘和绘制

绘制部件装配示意图和零件草图。要求如下。

➢ 将标准件按序号分别记录其名称、规格、标准号和数量。

➢ 由部件示意图和零件草图及标准件规格画出装配图。

➢ 按老师的指定由装配图拆画两张零件图。

➢ 绘制前要认真观察分析，了解其功能、结构特点，也可借助产品说明书及同类型部件资料。

➢ 标准件测得基本尺寸后，应查阅相关标准，确定其规格、标准号。

➢ 应特别注意各零件结构相配，配合与连接关系的尺寸要协调一致。

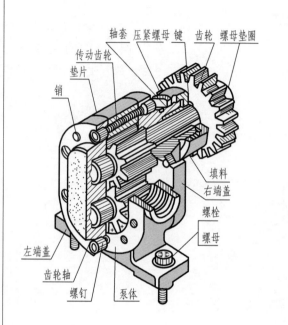

齿轮油泵轴测装配图

齿轮泵体内腔装一对齿轮，上部传动齿轮轴端装一传动齿轮输入动力旋转，带动下部从动齿轮轴啮合旋转，啮合区右端的油被轮齿带走，形成负压；油池的油在大气压作用下被吸入。右端的油不断增加，从出口把油压出，由管道输送到所需润滑处。

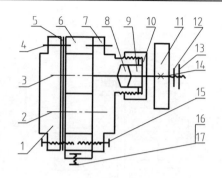

齿轮泵装配示意图

1—左端盖；2—齿轮轴；3—传动齿轮轴；4—销；
5—垫片；6—泵体；7—右端盖；8—填料；9—轴套；
10—压紧螺母；11—传动齿轮；12—垫圈；13—螺母；
14—键；15—螺钉；16—螺栓；17—螺母

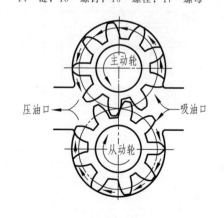

齿轮泵工作原理图

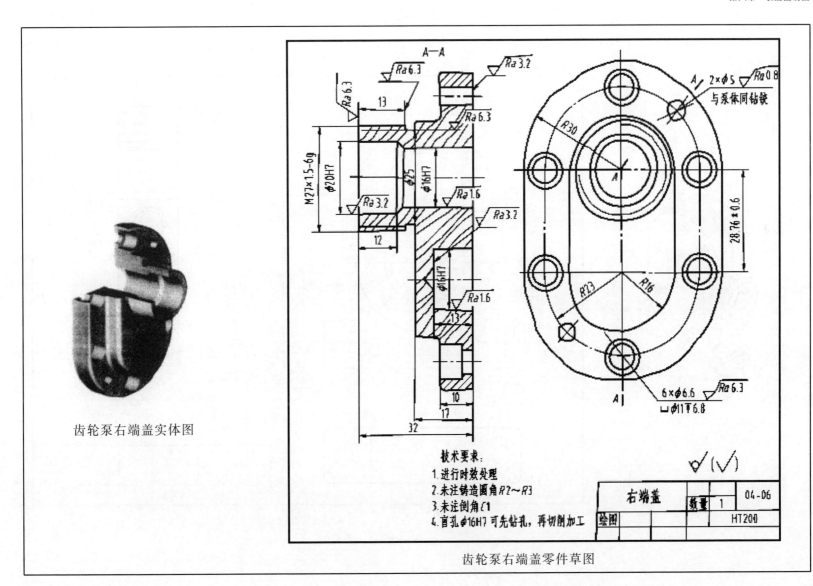

齿轮泵右端盖实体图

齿轮泵右端盖零件草图

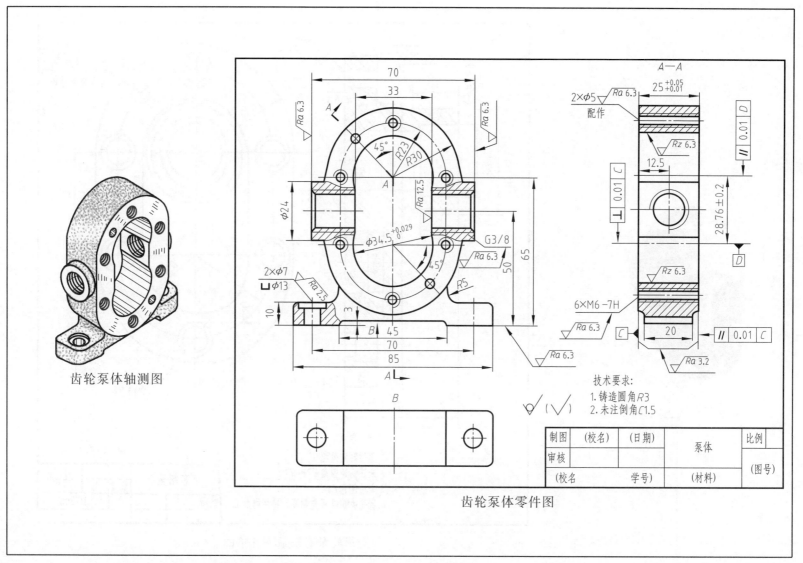

齿轮泵装配图

技术要求：
1. 齿轮安装后，应转动灵活
2. 两齿轮轮齿的接触面应占齿面的3/4以上

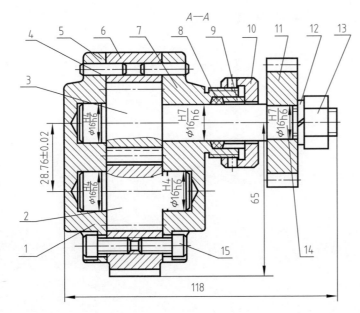
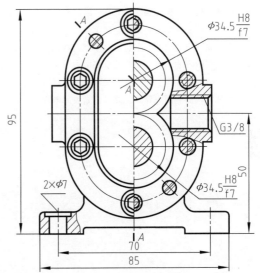

15	GB/T 70.10—2000	螺钉	1	35						
14	GB/T 1096—2003	键4×4×10	1	45						
13	GB/T 6170—2003	螺母M12	1	35						
12	GB/T 97.1—2003	垫圈12	1	65Mn						
11		传动齿轮	1	45	$m=2.5$ $z=20$					
10		压紧螺母	1	35						
9		压盖衬套	1	2CuSn5PbZnS						
8		密封圈	1	毡						
7		右端盖	1	HT200						
6		泵体	1	HT200						
5		垫片	1	纸						
4	GB/T119.1—2000	销5m6×18	1	45						
3		传动齿轮轴	1	45	$m=3, z=9$					
2		齿轮轴	1	45	$m=3, z=9$					
1		左端盖	1	HT200						
序号	代号	名称	数量	材料	备注					

制图	（姓名）	（日期）	齿轮泵	比例
审核				
（校名）		学号）		（图号）

参 考 文 献

[1] 钱可强，邱坤. 机械制图习题集. 北京：化学工业出版社，2016.
[2] 于景福. 机械制图习题集. 北京：机械工业出版社，2016.
[3] 赵里宏. 机械制图习题集. 北京：机械工业出版社 2012.
[4] 王晨曦. 机械制图习题集. 北京：北京邮电大学出版社，2012.
[5] 张景耀. 机械制图习题册. 北京：人民邮电出版社，2013.
[6] 宋晓梅，娄琳. 机械制图习题集. 北京：人民邮电出版社，2012.